KB150850

영어 유치원에 가지 않아도
영어를 잘할 수 있습니다

옥스퍼드대 조지은 교수가 알려주는 표현 영어의 법칙

영어 유치원에 가지 않아도 영어를 잘할 수 있습니다

조지은 지음

두 아이 엄마이자 세계적 언어학자의 솔직한 영어교육 가이드

브리드북스

머리말

얼마 전 한 지인이 영어 유치원 설명회에 다녀온 후 나에게 답답한 마음을 전해 왔다. 처음 가 본 설명회의 요지는 "이제야 시작하는 것이 많이 늦지만, 지금부터라도 최선을 다하면 기회는 있다"는 이야기였다. 갔다 온 후 가슴이 더 철렁했다고 한다. 언어학자이면서 두 아이를 키우고 있는 엄마이기도 한 나도 우리나라에서 아이를 키웠다면 이 고민에서 자유로울 수 없었을 것이다.

통계청 자료에 따르면 현재 한국의 합계출산율여성 1명의 평생 출생아수은 0.7명으로 역대 최저치를 기록했고 OECD경제협력개발기구 회원국 중 최하위권에 속한다. 출산률이 이렇게 떨어지는 이유 중 하나가 교육비 부담이라고 한다. 평균 영어 유치원 비용은 150만원.

그중에서도 영어가 교육비 부담의 정점을 찍는다. 아이들 영어 교육은 대한민국의 부모님들에게 더 이상 선택이 아니고 필수이다. 영어 때문에 2023년 젊은 부모들의 허리가 휘고 있다. 가족 갈등도 생긴다.

이렇게 투자한 결과가 좋으면 뭔가 보상 받는 부분이 있겠지만 문제는 영어 그리고 영어 교육에 대한 부담과 불안감만 늘고 손에 잡힐 만한 영어 능력 향상은 쉽사리 이뤄지지 않는 듯하다. 사회·경제적 손실을 떠나서 우리 아이들이 영어 때문에 마음에 멍이 들고, 이후 평생 인지적·정서적·사회적 문제를 겪게 되는 것을 생각하면 – 이 문제는 그저 가볍게 넘어갈 문제가 아니다. 우리 모두가 반드시 해법을 찾아야 한다.

몇 해 전 나는 한국 아이들의 '영어 울렁증'에 대한 연구를 진행했다. 해맑고 즐겁게 자라나야 하는 대한민국 어린아이들이 겪고 있는 영어 울렁증은 가히 세계 최고 수준이었다. 아이뿐 아니라 그 아이의 부모님들도 아이 영어 때문에 고민이 많았다. 더 이상 영어 교육은 개인의 문제가 아니라 사회의 문제가 되었다.

***

나는 우리 두 아이를 한국어-영어 이중 화자로 키웠다. 큰아이 사라는 한국어를 먼저 배웠는데, 학교에 다니면서부터 영어로 말하는 것을 더 편안해하고 좋아하기 시작했다. 사라의 놀이언어 play language가 영어가 된 것이다. 작은아이 제시 역시 한국어를 먼저 배운 후 두살 즈음이 되면서부터 영어에 눈을 뜨기 시작했다. 언어학자인 엄마의 눈으로 볼 때, 한국어를 처음 배운 우리 아이들이 영어를 배워 나가는 과정은 참 재미있고 신선했다.

나는 작은아이가 18개월일 때부터 식탁 앞에 카메라를 설치하고 아침 식사 시간 30분을 날마다 녹화했다. 다시 생각해 보니 좀 극성맞은 엄마였나 싶다. 사실 돌아가신 우리 아버지도 내가 말 배우는 것을 신기해하시며 테이프로 녹음해 놓으셨다. 언어학자도 아니신데 말이다. 언젠가 아버지가 내가 처음 말할 때 기록을 녹음으로 들려주셨던 기억이 난다.

그 덕분에 우리 작은아이가 어떻게 한국어를 습득하고 영어를 배웠는지 생생하게 기록할 수 있었다. 이 과정은 내가 책에서 본 것과는 또 달랐다. 이중언어 습득 책 대부분이 유럽 언어를 배우는 것 위주이기 때문이다. 한국어의 경우와는 매우 다르다. 한국어를 처음 배운 아이가 영어를 배우는 것은, 영어를 처음 배운 아이가 불어를 배우거나 스페인어, 독일어를 배우는 것과 많이 다르다. 일반화하기 어렵다.

작은아이는 처음에 언니만 영어를 할 줄 알고 자기는 못하니까 화가 나서 일부러 뜻이 없는 소리를 내면서 언니가 말하는 것을 막거나 방해하곤 했다. 자기도 이야기하고 싶은 욕구가 많은데 말이 안 따라와서 답답해하는 경우가 비디오에 자주 잡혔다.

그러다가 아이가 영어스러운 것을 처음 배운 것은 영어의 분위기이다. 어깨를 으쓱하는 것 같은 제스처를 배우더니 그 다음에는 응수하기 위한 1음절 단어들을 말하기 시작했다. 손짓이나 눈짓으로 이야기를 하는 동시에 영어의 운율과 억양을 익혔다. 나도 불어와 독일어를 배운 경험을 생각하면 듣고 응수하는 것이나 제스처, 1~2 음절의 맞장구치는 단어들, 이런 것들이 제일 먼저 떠오른다. 아이들도 마찬가지인 듯하다.

운율과 억양을 익힌 후에는 그곳에 정말 아무 단어나 넣고 스스로 연습하기 시작했다. 누가 시킨 것이 아니었다. 가족들과 이야기하기 위한 생존 전략이었다. 운율과 억양을 통해 단어가 그럴싸하게 영어처럼 들리도록 연습하는 것을 볼 수 있었다.

그러고 나서 단어들이 하나둘 들어오기 시작했다. 영어 운율에 새로운 단어들을 올리고 여러 가지 몸동작을 더해 영어 소통의 모양새를 갖췄다. 문장을 영어 어순으로 만들어서 사용하는 것은 가장 마지막에 시작됐다. 그전에는 단어들을 한국어 어순에 따라 나열하기도 하는 등 자기만의 영어를 자유롭게 만들어서 구사했다.

나는 이렇듯 우리 아이 제시가 몸짓, 다음은 소리, 그리고 문장의 순서로 영어를 배우는 것을 보았다. 그 과정 동안 우리 집에서 그 누구도 제시의 영어에 대해서 이렇다 저렇다 왈가왈부하지 않았다. 아이는 편하게 자기만의 영어를 찾는 여행을 마친 후 스스로 영어의 집을 짓기 시작했다. 지금 제시는 영어와 한국어의 감과 느낌을 알고 적절히 사용하고 있다.

두 아이가 이중 화자로 커가는 과정을 보면서 언어를 배우는 데는 편안한 마음으로 영어를 만나는 것이 가장 중요하다는 사실을 다시 한번 깨달았다. 첫째, 천천히 편안하게 영어를 시작하게 해 주기. 둘째 한국어와 영어를 같이 잘 쓰는 것에 익숙하게 해 주기. 셋째, 집에서 영어를 편한 마음으로 쓰는 것이 생활화 되게 해 주기. 넷째, 어떤 문법, 어떤 표현에 얽매이지 않고 자유롭게 읽고 쓰기 연습을 할 수 있게 해 주기. 부모는 이 네 가지를 심어주는 것만으로 이미 충분하다.

아이들이 스펀지처럼 언어를 배우는 것은 맞는 말이지만, 마음이 편할 때 그것이 가능하다. 일찍 만나도 강압적인 환경에서 만나면 전혀 도움되지 않고 오히려 해만 된다. 아이들이 이중언어 화자가 되는 과정을 보면서 새롭게 알게 된 점을 책으로 엮어 올해 영국에서 출간했다. 내가 배운 바 경험한 바를 대한민국 젊은 부모님들에게도 꼭 들려주고 싶어서 이번에 이 책을 내게 되었다.

* * *

엄마표 혹은 아빠표 영어의 가장 큰 장점은 부모나 아이들 모두 서로 이야기할 때 마음이 편하다는 점이다. 말문이 터지는 첫 단계는 편한 마음이다. 편한 마음의 소통이 이어지다 보면, 말은 성장하게 된다. 이렇게 말문이 터지고, 영어를 좋아하게 된 이후의 영어 성장은 아이들 개개인의 몫이다. 그런데, 편한 마음의 1차 소통의 관문이 만들어지지 않으면, 평생 영어는 즐거움도 기회도 아닌 부담과 두려움으로 남을 수밖에 없다.

이 책에서 나는 영어를 아이들이 행복하게 만날 수 있는 법칙과 그 방법들을 소개했다. 머릿속에서만 머무는 영어가 아니라, 표현하고 말할 수 있기를 바라는 마음에서 키워드를 '표현 영어'라고 붙였다.

1부는 '표현 영어의 씨앗'으로 아이들이 영어에 자신감을 갖도록 하는 핵심적인 태도를 담았다. 2부는 '표현 영어가 뿌리를 내리는 다양한 활동'을, 3부는 '표현 영어가 싹트는 생활 속 대화 사례'를 소개했다. 마지막으로 4부는 '표현 영어가 숲을 이루는 질문'을 실어 아이가 자기만의 영어의 숲으로 나아가는 데 생각해 볼 만한 것들을 담았다. 특히 3부에서 나는 우리집 영어를 소개한다. 아이들이 어릴 적 썼던 표현들을 적어 놓은 것이다. 이 책을 읽는 부모님들도 각자 자신의 집에 맞는 우리집 영어 노트를 만들고, 아이들과 함께 영어와 친해지려는 노력을 해 보시기를 권한다.

부모님들 중에는 발음이 나빠서, 문법을 몰라서 아이들과 영어 소통이 힘들다고 생각하시는 분들도 계실 것이다. 아이들은 평생 영어의 집을 부모와 대화한 영어로만 지어가지 않는다. 엄마표, 아빠표 영어의 목적은 아이에게 영어를 좋아하는 마음을 심어주는 것이지 완성 단계까지 끌어올리는 것을 의미하지 않는다. 호기심이 두려움을 이길 수 있도록 인식의 집을 잘 지어주면 된다. 그러니 완벽주의를 내려놓고 부모의 역량 만큼 영어를 노출해 주면 된다. 부모가 영어에 대해 당당하고 힘찬 자세를 보여 주면 아이들 역시 '뭐 그까짓 영어'라는 마음으로 영어를 담대하게 접할 것이다.

이 책은 영어 유치원에 가는 것이 좋다 나쁘다에 대한 답을 주려고 쓴 것이 아니다. 이것은 부모의 몫이다. 영어를 일찍 접하면 좋지만, 나는 언제보다 중요한 게 '어떻게' 라고 항상 강조한다. 좀 늦어도 된다. 어릴 적에는 영어와 친해지고, 영어를 좋아하고, 영어가 낯설지 않게만 느낄 수 있어도 충분하다.

이 책을 쓰면서 많은 부모님들, 선생님들과 마음 속 이야기들을 할 수 있었다. 생각을 공유해 주신 분들께 감사드린다. 또, 책의 기획에서 부터 편집까지 많은 수고를 해주시고 함께 해주신 브리드북스 이여홍 대표님께 감사한다. 원고 정리에 도움을 준 윤태연, 서지연 선생님들께도 감사의 말을 전한다. 언제나 그렇듯이 나를 응원해 주는 가족들, 특히 나에게 영감을 주는 아이들, 책 쓰느라 바쁜 엄마를 이해해 주고, 나를 웃음짓게 하는 우리 아이들과 남편에게 감사하다.

이 책이 우리 아이들이 행복하고 즐겁게 영어를 배우는 데 도움이 되는 유용한 가이드가 되기를 바란다.

건강하고 행복한 대한민국의 영어 교육을 기원하며
영국 옥스퍼드에서
조지은

차례

표현 영어의 씨앗

언어는 사랑으로 습득된다

법칙 2

표현 영어의 뿌리

영어 유치원에 가지 않아도 영어를 잘할 수 있습니다

* 법칙 3

표현 영어의 싹

아이와 부모가 함께하는 회화 사례 30

표현 영어의 숲

어서오세요, 옥스퍼드 영어 상담소입니다

아이에게는 편한 마음으로 영어를 탐험하는 시간이 필요하다. 이 과정에서 영어를 좋아하는 마음이 생겨야지만 자기 주도적으로 발전할 수 있다. 스스로 영어를 좋아하는 욕구가 싹트지 않으면 부모가 아무리 영어 공부의 환경을 마련하려고 애를 써도 아이 삶에 영어가 들어올 수 없다. 1부에서는 왜 아이가 편하게 영어를 만나야 하는지를 알아본다. 아이에게 영어를 좋아하는 마음을 심어줄 수 있다면 이 자체로 충분하다.

*

법칙

1

표현 영어의 씨앗

언어는 사랑으로 습득된다

아이의 언어 능력에 불씨를 지피는 법

걸프전이 벌어졌던 1990년에서 1991년 사이, 중학생이었던 나는 날마다 우체국에 갔다. 친구 서머에게 편지를 부치기 위해서였다. 이메일도 없었고, 트위터나 페이스북도 없던 시대였다. 나는 한 자 한 자 꾹꾹 눌러 쓴 손 편지를 부치러 10번 버스를 타고 매일 우체국에 갔다. 우체국에서 돌아올 때 내 머릿속은 서머가 내 편지를 받고 좋아할지, 어떨지 상상으로 가득찼다. 서머가 편지를 언제 받게 될지, 언제 답장을 보낼지 모를 일이었기에 학교에서 돌아오면 나는 우편함부터 확인하곤 했다. 서머는 필기체로 답장을 했는데, 나는 공책을 하나 사서 편지를 읽으면서 서머처럼 글씨를 쓰려고 연습을 했다. 서머는 쌍둥이였는데, 종종 자기 여동생 이야기를 해 줬던 것이 기억난다.

내가 처음 서머를 알게 된 것은 시청에 다니는 아버지 때문이었다. 아버지는 천안시청에 다니셨는데, 미국 오레곤 주 비버튼 시와 자매 결연을 맺는 일을 시작하셨다. 처음에 나는 아버지의 도움 없이는 편지를 쓸 수 없는 영어 까막눈이었다. 중학교에 들어가면서 알파벳을 공부했으니 말이다.

우리 아버지는 공부에 대한 열정이 남다르셨다. 하지만 안타깝게도 집안 형편이 너무 어려우셨다. 대학 입시를 준비하면서도 학생을 과외하셨다고 한다. 흑석동 큰집에서 제기동 외대까지 차비가 없어 걸어 다니셨다는 이야기도 들었다. 아버지의 유품을 정리하면서 아버지의 대학교 1학년 1학기때 성적표를 받아 보았는데, 언어학 공부를 하신 것이 보였다. 언어학자가 되어서 이 책을 쓰고 있는 나를 보면 아버지가 기뻐하시지 않을까 아버지 생각을 한 번 더 하게 된다.

아버지는 당시 카투사라고 부르는 미군 부대에 가셨다. 그곳에서 영어를 배우 셨다고 한다. 지금 생각하면 모든 사람들이 바라는 몰입식immersion 교육을 받은 것이다. 그래서 아버지는 영어를 잘 하셨다. 베이컨과 빵을 마음껏 먹게 해 준 미군 부대는 늘 배가 고프던 아버지가 처음으로 배곯지 않을 수 있었던 곳이자, 아버지가 영어와 기쁘게 만난 곳이기도 했다.

서머에게 편지를 쓰기 위해 나는 먼저 한국어로 편지를 적어 놓고, 아버지가 퇴근하시길 기다렸다. 아버지가 늦게 오시면 애가 탔다. 시계만 쳐다보면서 기다렸다. 당시에 우리 아버지는 퇴근도 늦었고 휴가도 없이 바쁘셨다. 퇴근 후 집에 오셔서 피곤하신 아버지께 미안한 마음도 있었지만, 서머에게 보낼 편지를 아버지와 영어로 번역할 생각에 마음이 들떴다. 아버지와 함께 한 단어 한 단어를 쓰면서 발음해 보고, 따라해 봤다. 그렇게 아버지와의 짧은 편지 쓰기 시간이 끝나면, 나는 내 방에 들어가서 다시 한 글자 한 글자 쓰고 지우고를 반복했다. 주소 하나까지 정성스럽게 쓰고 봉투에 편지를 담은 후에야 잠에 들 수 있었다. 서머가 도대체 언제 편지를 받을지 알 수도 없던 그 시절에 나는 그렇게 하루에 한 통씩 편지를 보내러 우체국을 다녔다.

내 친구 서머도 내 편지를 보고 기뻤던 모양이다. 서머는 열심히 답장을 보냈다. 서머의 편지가 오면 나는 하늘을 날 듯이 기뻤다. 처음에는 아버지의 도움을 받아서 편지를 읽었지만, 나중에는 사전을 들고 방에 들어가 편지를 다 해석할 때까지 나오지 않았다. 한 글자 한 글자가 너무 소중해서, 읽고 또 읽기를 반복했다. 그렇게 다 읽은 후에는 서머의 편지가 구겨지지 않도록 앨범에 고이 펴서 담아 놓았다.

스물 다섯이 되어 처음 비행기를 타 본 나에게 영어와 외국은 미지와 동경의 세계였다. 상상 속에서만 갈 수 있는 곳이었다. 이런 상황은 나의 영어 공부에 큰 도움이 되었다. 왜냐하면 나는 영어를 두렵게 만난 것이 아니라, 설렘 가득한 마음으로 만났기 때문이다. 아버지와 함께 한 자 한 자를 번역할 때, 내 방에서 스스로 한 자 한 자를 해석해 볼 때, 나는 너무 행복했고 몰입해 있는 상태였다. 마침내 아버지의 도움 없이 나 혼자 짧게라도 편지를 쓸 수 있게 되었을 때, 나는 마치 자전거를 혼자 탈 수 있게 된 것 같은 쾌감을 느꼈다. 나는 영어를 이렇게 유쾌하게 만났다. 아버지가 미군 부대에서 영어를 행복하게 만난 것처럼 말이다.

이 책을 읽는 부모님들도 한번 자신들과 영어와의 만남을 생각해 보면 좋겠다. 그리고, 우리 아이들이 앞으로 영어를 어떻게 만날 수 있도록 해 줄지, 이미 만났다면 이 만남이 어떻게 행복한 만남으로 지속될 수 있을지 고민해 보면 좋겠다. 영어를 언제 만나는가보다 우리에게 중요한 것은 어떻게 만나는가이다. 영어를 행복하고 즐겁고 유쾌하게 만난다면, 아이들과 영어의 우정은 평생을 갈 것이다.

TipBox

아이에게 서머 같은 펜팔 친구를 만들어 줘서 다른 나라의 친구들과 교류할 수 있도록 도와주는 것은 어떨까요? 요즘에는 더 다양한 소셜 미디어를 활용할 수 있을 거예요.

언어는 사랑으로 습득됩니다

우리는 인공지능의 발전 속도가 날이 갈수록 빨라지고 있는 시대에 살고 있지만, 이런 시대에도 아이가 말문을 여는 조건은 아주 어릴 적에 하는 신뢰할 수 있는 어른과의 상호작용밖에 없다. 챗GPT가 가진 천칠백오십억 파라미터의 힘이 있어도, 아이에게 최고 품질의 영상을 하루 종일 틀어 주더라도, 아이의 말문은 열리지 않는다.

1970년대 미국에서 발견된 아이 '지니Genie'의 사례가 이를 잘 보여준다. 미국에서 태어난 지니라는 여자아이는 어릴 적 아버지에게 감금돼 소리를 듣거나 내지 못하도록 키워졌다. 13세가 되어서야 구출되었는데 10세가 넘은 나이에도 불구하고 아주 기본적인 단어만을 말할 수 있었다고 한다. 지니가 어린 시절 학대받았다는 점도 큰 요인이였으나 학계에서는 어린 나이에 제대로 된 상호작용을 하지 못하면 모국어 습득이 불가능하다는 결론을 내렸다.

아이의 언어 습득에 상호작용의 중요성은 미래에도 바뀌지 않을 것이다. 인공지능과 로봇 등 여러 기술의 발달이 아이의 언어 학습을 도와줄 수는 있다. 그렇지만, 아이가 처음 말문을 열고 언어의 집을 만들어 가는 것은 결국 인간과 인간 사이의 사랑의 언어로만 가능하다. 아이들은 자신과 가장 가깝고 소중한 사람과의 소통 속에서 자연스럽게 말을 배운다.

무엇보다도 중요한 것은 부모가 아이와 함께 대화해 주는 것이다. 부모와의 대화는 아이에게 언어 학습뿐만 아니라 모든 공부에 가장 중요한 밑바탕이 되기도 한다. 아이들이 다른 공부를 하느라 바빠서 정작 부모와 조잘조잘 이야기하는 시간을 잃어버리게 된다면 매우 슬프고 안타까운 일일 것이다.

부모와 자녀 사이에 대화하는 것이 쉽지만은 않다. 이 역시 연습하지 않고 저절로 되는 것이 아니며 관심과 배려도 필요하다.

중요한 것은 말의 양보다도 질이며 일방적 말하기가 아니라 대화하는 말하기라는 점이다. 부모가 말을 많이 하는 것보다 기다려 주고, 들어주고, 응수해 주면서 아이들이 대화의 중요한 파트너임을 느끼게 해 주는 것이 언어 습득에 중요하다는 연구들이 있다.

나는 우리 아이들과 하루 1시간 대화의 룰을 어디에서든지 지킨다. 아이들이 어릴 때 우리 가족은 런던에 살면서 옥스퍼드로 통근을 했다. 영국에서 옥스퍼드까지는 서울에서 천안까지 거리 정도인데, 집에 오면 아이들이 자고 있을 때가 많았다. 나와 우리 남편은 하루에 아침 한 시간은 반드시 대화의 시간을 갖고자 노력했고, 이것은 지금도 이어지고 있다. 내가 출장으로 한국에 가도 이것은 지켜진다. 직접 만나지 못할 때는 온라인을 통해 1시간 동안 이야기한다. 중요한 점은 엄마인 내가 아이들에게 일방적으로 말을 하는 것이 아니라, 주고받는다는 점이다. 우리 아이들은 지금도, 어릴 때도 영어와 한국어를 마음껏 섞어서 아침 시간에 이야기한다.

결국 중요한 것은 아이가 정서적인 유대감이 있는 사람과 충분한 상호작용을 할 수 있는가이다. 좋은 책과 영상은 대화의 땔감이 되지만, 그 자체만으로 아이의 말문을 열기는 쉽지 않다.

말이 많은 아이가 건강한 아이다. 아이들이 말할 수 있는 기회를 마음껏 줘야 한다. 만약 말이 별로 없거나, 대화하는 습관이 지금까지 생기지 않았다면 이제라도 시작해 보자. 아이에게 엄마 아빠의 목소리를 들려주고 아이의 목소리를 들어주자. 아이가 소통하는 즐거움을 느낄 수 있도록 도와주자.

영어 애니메이션을 많이 보면 아이의 영어가 늘까요?

최근 3세에서 8세까지 어린 아이들을 대상으로 진행된 연구에 따르면 아이들이 유튜브에 대해 가지는 신뢰도가 매우 높다는 것을 알 수 있다. 유튜브에 나오는 사람들이 텔레비전에 나오는 사람들보다 더 진짜 같다고 느끼며 유튜브를 더 교육적이라고 생각한다는 것도 알 수 있다.

이는 코로나 직전에 진행된 연구였으니, 코로나를 겪으면서 아이들의 유튜브 시청 시간이 급격히 늘어난 것을 생각하면 유튜브의 영향력은 전보다 더 커졌을 것이라고 생각된다. 이렇듯 아이들이 유튜브에 긍정적인 인식을 가진 것을 이용한다면, 우리는 유튜브 영상을 통해 아이들이 교육적인 영어 콘텐츠를 접할 수 있도록 도와줄 수 있다.

유튜브 영상의 좋은 점은 아이가 영어라는 언어와 정서적인 유대감을 형성할 수 있다는 것이다. 개인적으로 공감할 수 있는 주제나 이야기, 요소가 있는 영상을 찾으면 좋다. 긍정적인 감정에 몰입하면 언어를 더 깊이 이해하고 기억하는 데 도움이 된다. 또한 문맥과 상황에 맞는 언어 학습을 간접적으로 경험할 수 있다는 장점도 있다.

그러나 무조건 많이, 자주 볼수록 좋은 것은 아니다. 특히 어린 나이에 스크린 타임을 적절히 지키는 것은 매우 중요하다. 아이의 두뇌 발달이나 사고력, 집중력에 영향을 미치기 때문이다. 미국 소아과 협회에서는 만 2세에서 5세 사이의 아이들은 미디어 사용 시간을 하루에 한 시간 이하로 제한할 것을 권고하기도 했다.

아이가 하루에 볼 영상 개수를 정해 미리 플레이리스트로 만들어 놓고 정해진 것만 보는 방법도 좋다. 특정 시리즈를 보고 있다면 하루에 한 편 혹은 두 편을 보는 것으로 약속을 하는 것이다. 이것은 영어 교육의 문제가 아니라 아이가 절제하는 법, 엄마 아빠와의 약속을 지키는 법을 배울 수 있는 길이기도 하다.

책이나 인간과 상호작용 없이 유튜브 등의 매체만 사용해서 영어 공부를 하면 아이들의 표현력과 상상력 발달에 득이 되지 않는다. 아이들의 상상력은 자연과 인간, 특히 또래 친구나 부모처럼 사랑의 유대를 맺은 사람들과 상호작용할 때 발현된다. 혹은 책을 읽으면서 스스로 생각할 수 있는 기회를 가질 때 상상력이 길러진다. 기기를 통해 영상을 보는 행동만으로는 상상력 훈련이 되지 않는다.

연구에서는 같은 영상을 보더라도 보호자와 함께 상호작용을 하면서 볼 때 언어 습득이 일어난다는 것을 알 수 있었다. 아이에게 좋은 영어 콘텐츠를 보여주되 그것에 너무 의존하지 않도록 노력해야 한다.

함께 영상을 보면서 이야기를 나눠 보자. 아이가 영상을 잘 이해하고 있는지 계속해서 체크하라는 의미는 아니다. 평소에 영상을 볼 때처럼 웃긴 장면이 나오면 같이 웃고 슬픈 장면이 나오면 같이 안타까워하는 등 적절한 리액션을 해 주자. 아이가 영상 속의 상황과 표현에 대해 더 잘 이해하면서 엄마 아빠와의 정서적 유대감도 만들 수 있을 것이다.

팬데믹 기간에 태어난 아이들이 그 이전 아이들보다 사회적 상호작용이 적었고, 결과적으로 언어 발달이 늦게 나타났다는 연구들이 있다. 팬데믹을 겪으면서 우리 아이들은 디지털에 더 많이 노출되고, 실제로 사람을 만날 기회를 많이 놓쳤다. 청소년들이나 성인들에게는 디지털 언어 학습이 기회일 수 있지만, 어린 아이들에게는 부모나 직접 양육해 주시는 분과 함께 먼저 주고받고 말하는 언어가 절대적이다. 이 토대 위에서 디지털 언어도, 새로운 언어도 습득할 수 있다.

TipBox

저는 종종 우리 아이들과 한국 이야기책을 영어로 번역해 봅니다. 번역을 하다 보면 아이들만 배우는 것이 아니라 저도 함께 배웁니다. 번역하는 표현의 어감에 대해 하나하나 생각해 보고 함께 좋은 표현을 찾아봅니다. 함께 상호작용하는 교육을 통해 아이는 언어의 대한 감을 익힐 수 있습니다.

영어는 편한 마음에서 시작됩니다

요즘 인공지능으로 글을 쓰는 것이 유행이다. 얼마 전 기자분들과 챗GPT와 관련해서 미래의 직업에 대한 세미나를 했다. 한 기자 분이 좀 걱정되는 목소리로 물으셨다. 앞으로 인공지능 시대에 기자라는 직업도 사라지는 직업이 되지 않을지 말이다. 아니라고 말하기 어려웠다. 챗GPT는 거대 언어 모델이라고 하는데, 글 쓰는 것에 도사이다. 리포트, 기사 등을 그럴 듯하게 써 낸다.

일론 머스크는 지난 3월 22일에 세계의 모든 인공지능 실험실이 적어도 6개월 동안은 너무 강력한 인공지능 실험을 중지해야 인류가 인공지능에 지배되는 것을 막을 수 있다고 말했다. 그렇지만, 한 달이 조금 안 된 시점까지 겨우 2만 7천 명 정도가 사인했다. 모두 다 이런 빠른 변화를 잠깐 멈춰야 하는 것은 알지만, 한번 인공지능의 힘을 맛 본 세대가 과연 이를 멈출 수 있을지 의문이다.

나는 가끔 인공지능으로 글쓰기를 실험해 보는데 예전에는 인공적이거나 인위적인 느낌이 많이 났다면 요즘은 이것이 최소한 영어에서는 많이 덜하다. 물론, 한국어 같이 다소 복잡한 언어에서는 아직 인위적인 느낌이 많이 난다.

이렇게 기술이 발달해 앞으로 많은 과목에 인공지능 교과서가 도입되면, 우리는 특히 영어나 외국어 공부에 큰 도움을 받을 것이다. 예를 들면, 앞으로는 교과서의 내용을 각자가 원하는 내용으로 채워 나갈 수 있다. 요리나 베이킹을 좋아하는 사람들은 요리 내용을 콘텐츠로 해서 영어 공부를 할 수 있을 것이고, 여행을 좋아하는 사람이라면 좋아하는 곳을 배경으로 말하기 연습용 시나리오를 만들어 낼 수 있다. 소위 취향에 맞는 영어 공부를 할 수 있는 날이 멀지 않다.

이런 공부 방법이 궁금하다면 한번 챗GPT에게 서울 시내를 중심으로 영어 공부용 시나리오를 만들어 달라고 해 보는 것도 방법이다. 오늘은 남산, 내일은 한강을 중심으로 시나리오를 만들고, 그 가상의 시나리오를 가지고 가상 현실을 만들어 돌아다닐 수 있다. 영어 공부를 하면서 동시에 즐거움도 얻을 수 있으니 일거양득이다.

부모 세대에게는 가상 현실이 피부로 다가오지 않을 수도 있다. 그런데 어려서부터 인공지능 및 로봇에 익숙한 알파 세대에게는 그렇지 않다. 이 세대에게 가상 현실은 또 다른 현실일 뿐이다. 영어를 배우고 소비하는 우리에게 인공지능 공부는 부정적으로만 생각할 일이 아니다. 무엇보다, 인공지능으로 영어 공부를 한다면, 꼭 영어 유치원에 가지 않아도 교육 효과를 높일 수 있으리라 기대해 본다. 한국의 고질적인 교육 불평등의 중심에는 영어 교육이 있는데 인공지능을 적절히 활용하면 이를 해결하는 데 도움이 될 것이라는 생각에 마음이 설렌다.

그런데 한 가지 중요한 것은, 인공지능 영어만으로는 영어에 대한 감각이 늘지 않는다는 것이다. 영어의 감은 우리가 영어 문장을 듣고 처리하는 과정에서 갖게 되는 느낌을 말한다. 한국어에서 영어로 번역할 때 분량이 변하는 경우가 많다. 영어를 한국어로 번역할 때도 마찬가지이다. 언어의 감이 다른 부분을 쳐내거나 붙이는 과정이 생기기 때문이다.

이런 언어에 대한 느낌은 그 언어가 몸에 배어 있어야 가질 수 있다. 내가 영어 공부에서 가장 중요하다고 생각하는 부분이 바로 이 영어의 감을 익히는 것이다. 영어 인풋을 많이 주는 이유도 결국에는 이 감을 갖게 하는 것이 목적이다.

영어의 감을 얻기 위한 첫 단추는, 바로 영어에 대해 편한 마음을 가지는 것이다. 예전에 미셸 토마스Michel Tomas라는 학자가 제시한 방법으로 한국어를 가르치는 작업을 한 적이 있다. 미셸 토마스의 언어 공부 방법에서는 편한 마음일 때 언어 습득이 가장 잘 이루어진다는 원칙 하에 학습자가 편안한 마음을 갖도록 하는 데 가장 큰 관심을 갖는다.

그는 강의가 시작되면 강의실의 모든 의자와 책상을 치우고 그 대신에 소파와 쿠션, 화분 등 여러 가지 편안한 가구와 소품들로 공간을 채워 편안하고 아늑한 분위기를 만든다. 칠판, 종이, 펜, 연필도 준비하지 않았으며 예습이나 복습을 할 필요도 없다고 했다. 배운 것을 억지로 외우게 하지도 않는다. 혹시나 있을 스트레스나 긴장감을 없애기 위해서이다. 수업에 몰입하고 새롭게 알게 되는 것을 즐기는 과정에서 우리 뇌 속의 언어 습득 장치가 자동적으로 작용한다는 원리가 바탕이 된다.

현재 미셸 토마스 언어 학습 사이트에서는 한국어, 스페인어, 프랑스어, 아랍어 등을 포함해 18개 언어에 대한 수업을 제공하고 있다. 수많은 사람들이 이 방법으로 효과를 보았고 세계적으로 매우 유명한 방법이기도 하다.

영어를 머릿속에 욱여넣기 위해 무작정 적고 암기하는 방식으로 공부해서는 안 된다. 영어를 배우며 경험하는 불편한 마음은 영어가 우리 머릿속에 제대로 자리잡지 못하게 할 뿐이다. 영어에 편한 마음을 가지는 것이 가장 중요하다. 영어를 즐길 수 있어야 한다. 그 과정에서 영어에 대한 감이 생긴다. 그렇게 나온 영어는 인공지능으로 만들어진 것과 차원이 다르다. 모든 출발은 편한 마음에서 시작된다.

영어가 무섭지 않게

영어는 말이 트여야 한다. 말하지 않는 영어는 죽은 영어이다. 아이들이 영어로 조잘조잘 이야기할 수 있도록 해 주어야 한다.

우리 둘째 제시는 한국어가 우세 언어였다. 이중언어 가정인 우리집에서 제시는 언니 사라가 아빠랑 날마다 영어로 이야기하는 것을 보고 많이 부러워했다. 나는 제시의 영어 습득을 매일 비디오로 찍어 관찰해 봤는데, 당시 비디오 중 하나에서 제시가 혼자 있을 때 인형과 자기만의 영어로 혼잣말을 하는 것이 관찰되었다. 이런 경우는 사실 평소에도 자주 볼 수 있었다. 나는 본인에게 맞는 영어로 혼자 조잘거리기 시작하는 것이 아이들의 영어 말하기에서 아주 중요한 터닝 포인트라고 생각한다.

제시의 친구들 중에도 한국어를 먼저 배운 후에 영어를 배우는 아이들이 있었는데, 이 아이들은 함께 모이면 모두 각자에게 맞는 영어로 조잘조잘 하며 웃고 놀곤 했다. 누가 시키지 않아도 자기가 말을 스스로 하는 것, 즉 조잘거리는 단계는 아이가 영어의 문턱에 들어가는 데 아주 중요한 역할을 한다.

말이 트이는 영어를 하려면 아이들이 모두 이 순간을 거쳐야 한다. 아이들의 성공적인 영어 학습은 단어를 몇 개 아느냐가 아니라 스스로 영어로 조잘거리고 싶은 순간이 오느냐하는 것이다. 말이 트이는 영어가 진짜 영어이다.

아이들의 영어 말문이 트이려면 우선 말하는 것이 무섭지 않아야 한다. 말문을 열기 전 심장이 떨리지 않아야 한다. 나는 2019년에 서울대학교 최나야 교수님과 같이 한국 아이들의 영어 울렁증에 대한 연구를 하여 출판한 적이 있다. 한국 아이들은 세계적으로도 영어 울렁증이 매우 높다는 것을 발견했고, 아이들이 영어 말하기에 대해 불안한 정서를 가지고 있다는 것을 보았다. 이렇게 말하는 것이 두려운 상태에서는 아무것도 되지 않는다.

영어로 말하기 위해 가장 필요한 것은 우선 마음의 평정이다. 아이들이 영어에 겁을 먹어서는 안 된다. 편안한 마음을 가져야 한다. 그 다음에 필요한 것은 말하고자 하는 내용이다. 영어로 얼마나 고급지게 말할 수 있는지는 크게 관건이 아니다. 영어라는 그릇에 아이가 담을 내용이 관건이다.

우리가 음식을 생각해 보더라도, 음식을 좋은 그릇에 담는 것도 중요하지만 결국 그 그릇에 어떤 음식이 어떻게 담기는지가 더 중요하지 않은가. 영어라는 그릇에 담기는 내용이 알차려면 아이들의 상상력을 발동시키는 것이 중요하다. 이렇게 할 때 아이들의 표현 영어에 프로펠러가 달린다.

말하기를 좋아하는 마음도 필요하다. 다른 사람들, 특히 나와 다른 언어와 문화를 가진 사람들에게 마음을 열고 다가가 즐겁게 대화할 수 있는 마음이 필요하다. 하지만 아이들이 영어를 평가의 대상으로 처음 만나게 되면 이런 마음을 가지기 어렵다.

영어를 잘하고 못하는 것이 엄마 아빠, 주변 사람들의 기분을 좌우하게 된다면 아이는 영어 말하기에 부담을 느낄 수밖에 없다. 입을 떼는 순간 엄마 아빠의 반응을 살피게 되기 때문이다. 영어가 또 하나의 일상 언어로 받아들여지도록, 아이가 부담 없이 자연스럽게 영어 말문을 뗄 수 있도록, 가볍고 유쾌한 환경을 만들어 보자.

TipBox

영어에 대해 편한 마음을 갖게 해 주세요. 단어를 외우게 하고 테스트하는 것에 집중하지 마세요. 아이가 좋아하는 마음으로 영어를 접할 수 있도록 해 주세요.

엄마, 아빠가 영어를 못해도 괜찮을까요?

엄마인 제가 영어를 못하는데 아이에게 영어 환경을 만들어 줄 수 있을까요? 발음이 안좋은데, 문법을 모르는데, 콩글리시를 쓰는데 아이 영어 교육에 괜찮을까요? 많은 부모들이 이렇게 걱정하며 영어 열등감에 사로잡혀 있다.

한국어 외에 다른 언어를 말할 수 있는 바이링구얼리즘이 여러 언어에 동일한 유창성을 가지는 것을 뜻하지 않는다. 양육자가 영어를 잘하지 못하더라도 아이의 언어적 민감성을 높일 수 있다. 나의 이웃집 아이는 일본인 친구의 예쁜 도시락이 계기가 되어 일본어를 배우게 되었고 다른 문화나 언어를 더 알고 싶어하는 건강한 태도를 갖게 되었다. 아이들은 다양한 언어와 문화에 노출되면서 새로운 것에 대한 호기심을 기르고 두려움을 이길 수 있다. 아이들이 처음부터 영어를 평가로 만나지 않고 언어로 편하게 만나게 해 주는 것, 나는 이것이 부모가 할 수 있는 영어 교육의 핵심이라고 생각한다.

말은 발화할 때마다 머리 속에서 인지적으로 생각해서 나타나고 사람마다 상황마다 다 다르게 표현된다. 어떤 언어도 완벽하지 않다. 이것이 인간 언어의 경이로운 부분이다. 그러니 부모님들에게 완벽주의를 내려놓으시라고 권하고 싶다. '나는 영어를 못하니까, 발음이 안 좋으니까, 문법을 잘 몰라서 아이 영어 공부를 망치면 어쩌지' 하는 걱정은 안 해도 된다. 아이는 영어의 집을 부모와 대화한 내용으로만 지어가지 않는다. 엄마와 아빠는 영어 전문가가 아니다. 그러니 부모가 아이 영어의 롤모델이 될 필요는 없다.

부모가 가진 장점은 아이에게 가장 가까운 사람으로서 편한 소통 파트너가 될 수 있다는 점이다. 아이가 선생님과 소통할 때는 평가의 두려움에 스트레스를 받을 수 있지만 가장 편한 상대인 부모와는 편한 마음으로 대화를 시도해 볼 수 있다. 영어도 편한 소통의 언어가 될 수 있다고 인식하게끔 도와줘야 한다.

사실 영어 스트레스의 주범은 문법인데, 아이들의 영어 소통 능력과 교육에서 문법은 크게 걱정하지 않아도 된다. 2022년 영어를 제2외국어로 배우는 사람들의 수는 15억에서 20억 정도인데, 이는 영어 원어민의 5배 정도 되는 수이다. 그리고 이러한 추세는 앞으로 심화될 것이다. 이렇게 많은 사람이 영어로 말하고 있기 때문에 영어는 계속해서 다변화 할 것이고, 우리가 알고 있던 문법은 점점 힘을 잃게 될 것이다. 이런 시대에 아이들에게 문법 스트레스를 주는 것은 정말로 시대를 거슬러 가는 행위이다.

전 세계에서 영어가 쓰이고 있는 만큼 발음이나 억양 또한 다양하다. 그러니 발음의 기준을 미국 출신의 원어민 발음에 맞출 필요는 없다. 어떤 발음이 정확한지는 듣는 사람에 따라 결정될 뿐이다. 최근 언어학계에서는 비영어권 국가 출신이 영어를 원어민처럼 구사한다는 것은 비현실적일 뿐 아니라 큰 의미가 없다고까지 말한다.

부모는 부담을 내려놓고 아이의 역량에 맞게 영어를 노출해 주면 된다. 아이가 호기심을 가지는 대상에 관심을 가져주고, 대화하려고 노력하고, 원하는 책을 열심히 읽어 주면 된다. 가정은 학습과 평가의 공간이 아니라 아이 정서 발달의 뿌리이다. 부모가 가정에서 영어 교육을 한다면 그것은 영어 실력의 향상과 유창성이 아닌 그 언어를 좋아하는 마음을 심어주는 것이 전부이다.

아직도 앵무새 영어를 원하시나요?

영어와 관련된 농담이 하나 생각난다. 어떤 한국 사람이 미국에서 교통사고가 났다. 한 미국인이 그 사람에게 다가와 "How are you?"라고 물어보자 "I am fine. Thank you. And you?"라고 했다는 것이다. 우리는 "하우아유?"라는 질문에서 자동적으로 "아임파인땡큐앤유?"로 이어지는 이 대화의 흐름에 매우 익숙하다.

상태가 어떻냐는 질문에 괜찮다고 대답하며 상대방의 안부까지 묻는 이 표현은 교통사고가 나서 문제가 생긴 상황에서 쓰기에는 부적절하다. 이 표현들이 실제로 의미하는 바에 집중하지 않고 무작정 암기해서 배운 영어가 가진 문제점이다.

지난 2020년, 영화 〈기생충〉으로 한국 영화 최초 아카데미 작품상을 받은 봉준호 감독의 수상 소감이 사람들에게 많은 관심을 받은 바 있다. 봉준호 감독은 어릴 적 영화를 공부하며 읽었던 마틴 스콜시지 감독의 말을 인용하며 "가장 개인적인 것이 가장 창의적인 것"이라고 말했다.

나는 이 말이 영어에도 마찬가지로 적용된다고 본다. 앵무새처럼 따라하는 영어보다 우리식의 영어가 독창적인 영어로서 인정받을 것이다. 어찌 보면 당연하다. 우리도, 우리 아이도 미국이나 영국에서 자라는 것이 아닌데 미국 사람이나 영국 사람처럼 말을 할 수 있을까? 이것은 불가능에 가깝다. 모든 언어는 환경의 영향을 받기 때문이다. 우리는 무작정 따라하는 앵무새 영어에서 벗어나야 한다.

물론 외국어를 공부할 때 기본 구조와 핵심 표현을 배우는 것은 도움이 된다. 그런데 이것은 그야말로 발판일 뿐이다. 우리가 처음 입을 여는 데 도움을 주는 것 뿐이지 그 이상의 역할을 하는 것은 아니다. 우리는 그렇게 입을 연 다음에, 스스로의 창의적인 영어를 만들어 가야 한다. 한국 사람은 한국어가 모국어이니 한국어스러운 영어가 나올 수밖에 없다. 당연하게도, 그 영어가 우리에게는 최고의 영어이다. 봉준호 감독의 인터뷰처럼 말이다.

나는 작년에 봉 감독의 인터뷰 영어를 분석해 저널에 논문을 냈다. 그의 영어는 미국 사람의 영어도 아니고 영국 사람의 영어도 아니었다. 봉준호 감독 자신만의 영어였다. 그의 영어는 인터뷰를 보고 들은 모든 사람들을 즐겁게 했다. 뿐만 아니라, 한국어와 영어를 자유자재로 섞어 쓰면서 영어밖에 모르는 인터뷰 진행자들에게 궁금증과 부러움을 자아냈다.

이 땅에 영어가 들어온 지도 130년 정도 되었는데, 우리는 아직도 한국식 영어를 매우 부정적으로 생각한다. 이제는 이러한 편견을 극복하고 우리의 영어에 당당하고 자신감을 가져야 한다. 배짱이 필요하다. "나는 왜 영어를 못하지?"가 아니라 "너는 왜 한국어를 못하니?"라고 생각할 수 있어야 한다. 영어가 좀 익숙하지 않은 것이 왜 죄인가?

조선시대 문인 정철이 한자로만 시를 쓰는 양반들을 앵무새라고 논한 적 있다. 한글이 있는데도 불구하고 가슴 깊이에서 나오는 내용을 그대로 담아낼 생각은커녕, 어려운 한자어로 변환하여 시를 쓰던 양반들을 비판한 것이다. 시는 감성, 감정의 언어인데 이것을 외국어로 쓰려면 얼마나 힘들까.

우리가 영어로 술술 이야기하기 위해서는 앵무새 영어가 아니라 봉 감독의 영어 같은 자신만만한 영어가 나와야 한다. 우리의 영어에 기가 죽을 것이 아니라, 오히려 우리가 만들어낸 영어에 당당할 수 있어야 한다. 우리는 오래 전 삼국시대부터 한자를 빌려다 썼지만 우리식의 한자를 가져다 썼다. 한자의 글자만 빌려다 쓰고 어순은 우리말의 어순대로 독창적으로 쓴 것이다. 이게 우리 민족의 정신이 아닐까 생각한다.

영어를 우리식으로 쓰는 것에 크게 개의치 말자. 한국에서는 콩글리시라서 쓰면 안 된다고 비판 받던 '스킨십' 같은 단어는 다른 나라에서도 널리 쓰이며 옥스퍼드 영어 사전에 등재되기까지 했다. 세계가 열광하는 BTS를 비롯한 케이팝 가수들의 노래를 하나하나 살펴보면 한국어와 영어가 적절하게 섞여 있다. 이것이 현 시대를 살아가는 우리의 언어이다. 앵무새 영어를 하려고 하는 대신, 기존의 영어를 배우고 이용해서 자기만의 영어를 만들어 보자.

TipBox

부모는 영어 전문가가 아닙니다. 가정에서 영어 교육을 끝내겠다는 목표를 내려놓고 양육자가 해 줄 수 있는 만큼, 서로가 즐거운 정도로 시도해 보면 어떨까요?

한국어가 잘 자라야
영어도 잘 자랄 수 있습니다

언어학자로 영국에 살다 보니 주위에서 부모와 자녀의 언어 사용에 대한 다양한 사례를 접하게 되었고 언어 교육에 대한 문의도 많이 받게 된다. 한국인 부부의 가정에서는 아이들에게 한국어와 영어를 각각 얼마나 노출해야 하는지가 주된 고민이다.

더 복잡한 상황들도 있다. 아빠는 한국인, 엄마는 프랑스인 가족이 영국에서 아부다비로 이사를 가게 되면 자녀 언어 교육을 어떻게 해야 할까? 영어를 쓰는 아빠와 그리스어를 쓰는 엄마, 중국어를 쓰는 내니가 있다면 가정에서 무슨 언어를 택하고 택하지 않을지를 고민한다.

가정 내 언어 사용 규칙에 대해 말하는 가족 언어 정책Family language policy은 사실 각 가족마다 상황이 다르기 때문에 단 하나의 정답을 내릴 수 없다. 그런데 오랜 시간 관찰해 봤을 때 공통적으로 드러나는 특징이 있었는데, 많은 경우 가정 내 언어를 택하는 기준을 아이의 '학습'에 맞춘다는 것이다. 아이가 학습적인 면에서 언어 혼란을 겪지는 않을까 걱정해서 가족의 언어를 뒷전으로 미루거나 부모 중 한 명의 언어를 쉽게 버리는 것을 보았다.

인간 언어의 핵심에는 세 가지 E가 있다. 바로 효율Efficiency, 표현Expressivity, 공감Empathy이다. 학습을 기준으로 언어를 선택하면 언어로 정보를 전달하는 효율에만 초점을 뒀다고 볼 수 있다. 하지만 중요한 점은 언어에는 다른 두 가지, 표현과 공감의 기능도 있다는 점이다.

아이들의 언어 교육을 이야기할 때, 우리는 언어가 가지고 있는 매우 중요한 부분, 즉 생각과 감정을 표현하고 유대감을 형성하는 기능에 대해서는 쉽게 간과해 버리는 것 같다. 효율성을 위해 사용하는 언어들은 아이들이 크면서 인지능력이 발달하면 필요에 따라 차근차근 학습할 수 있다. 하지만 아이들의 정서에 큰 영향을 미치는 뿌리 언어는 어릴 적부터 편한 마음과 끈끈한 유대를 토대로 가장 가까운 상대와 자연스럽게 대화하면서 배워 나간다.

우리 두 딸은 나와 영국인 남편 사이에서 태어나 영국에서 자랐지만 나와 있을 때는 자연스럽게 한국어를 사용한다. 최근에 아이들에게 한국어를 사용하는 이유를 물어보니 영어로 대화할 때는 표현할 수 없는 무언가가 있다고 말했다. 아이들이 중학생이 되면서 감수성이 발달하는 시기가 찾아 오니 부모와 아이 사이에 연대의 언어가 존재하는 것이 얼마나 중요한지를 다시 한 번 느낀다. 부모로서 아이의 감정을 어루만져 줘야 하는 이 시기에, 튼튼한 뿌리 언어는 그 존재감을 크게 드러낸다.

나아가 아이들과 부모 간에 공유되는 언어는 '사고의 언어mentalese'로 진화한다. 사고의 언어란, 아이들이 생각과 표현을 전개할 때 사용하는 언어이다. 세계적인 인지과학자 스티븐 핑커Steven Pinker는 한국어든 영어든 우리는 모국어 안에 존재하는 사고의 언어로 생각한다고 말한다. 이 사고의 언어는 주변 사람들과 유대를 쌓는 언어로 만들어지고 발달한다. 아이들은 보고 들은 것에 대한 자신만의 생각을 언어로 표현하기 시작한다. 점차 글을 읽을 수 있게 되면서 더 복잡한 공부도 할 수 있게 된다. 잘 발달된 사고의 언어는 결국 아이가 사회적인 인간으로 성장할 수 있도록 해준다.

자라나는 아이들에게 한국어, 즉 모국어는 절대적으로 중요하다. 모국어는 아이들의 사고와 표현의 언어이기 때문에 모국어가 잘 자라나는 것은 영어 단어를 배우는 것과는 비교할 수 없이 중요하다. 연구 결과들을 봐도 모국어 어휘가 풍부한 아이들이 제2 외국어 어휘도 풍부하다는 것을 알 수 있다.

우리 두 아이들이 한국어를 읽고 쓰는 것을 완벽히 하는 것은 아니다. 아이들의 한국어는 나와 주고받은 입말을 바탕으로 형성된 가장 개인적이면서 편안한 언어이다. 읽기나 쓰기 등은 나중에 아이들이 필요하면 본인들의 의지로 배울 수 있다. 마침 큰아이는 학교에서 친한 친구들과 함께 방과후 한국어 동아리를 만들어 스스로 한국어 공부를 이어갈 계획을 하고 있다.

자녀의 언어 교육에 대해 고민할 때, 부모의 뿌리 언어를 쉽게 뒷전에 두지는 않았으면 좋겠다. 이는 아이를 위한 것이기도 하지만, 누구보다 부모를 위한 것이기도 하다. 영어 때문에, 혹은 다른 언어 때문에 부모와 아이 간 공감의 언어가 가로막혀서는 안 된다.

언어의 기본 틀, 우리말 집을 잘 지어야 다른 언어의 집도 잘 지을 수 있다.

TipBox

영어가 한국어보다 더 중요하다는 인상을 아이에게 심어주면 앞으로 언어적 정서적 발달에 오히려 해가 될 수 있습니다. 두 언어가 함께 성장할 수 있게 해 주세요.

영유아 시기 외국어 경험은 시기보다 방법이 중요합니다

이중언어에 대해 이야기할 때, '영유아 시기에 외국어 경험을 하면 모국어 발달을 저해하지 않을까' 하는 우려의 목소리를 듣는다. 머리에 언어의 방이 있는데 영어가 많아지면 한국어가 있을 자리가 줄어들지도 모른다는 막연한 두려움이 있는 것 같다. 이는 한국인뿐만 아니라 여러 다른 나라의 이민자들도 걱정하는 부분이다.

많은 사람들이 인간이 언어를 배우는 것을 제한적인 능력이라고 생각한다. 한 언어가 머릿속을 지배하려면 다른 하나는 희생해야 한다는 식인 것 같다. 하지만 결론적으로 말하면, 영유아 시기 외국어 경험이 모국어 발달을 저해하지 않는다.

요즘 학계에서는 바이링구얼이라는 용어를 잘 쓰지 않는다. '바이bi-'라는 표현에는 두 개라는 의미가 강한데, 현실에는 두 개보다 많은 언어를 사용하는 멀티링구얼이 많기 때문이다.

예전에 룩셈브루크에 있는 한 한글 학교에 강연을 간 적이 있다. 그곳에 사는 한국 아이들은 한국어, 영어, 불어, 독일어를 사용한다. 어떤 아이의 경우 아빠가 이탈리아인이기에 이탈리아어까지 5개 국어를 쓰는 상황이었다. 이렇듯 인간의 언어 능력은 제한되어 있는 것이 아니기 때문에 여러 가지 언어에 노출이 되더라도 아이의 발달과는 무관하다.

여러 언어를 사용하는 환경 자체는 아이에게 문제가 되지 않는다. 우려할 점은 모국어가 제대로 자리잡지 못했을 때 생긴다.

외국어 노출에서 아이들에게 가장 중요한 것은 뿌리 언어가 잘 발달해야 한다는 점이다. 언어학 연구에 따르면 아이들은 학교 들어가기 전에 모국어 습득을 완료한다. 아이마다 차이가 있을지라도 이 시기에 모국어를 익히지 못하면 지속적으로 불안정한 언어 생활을 하게 될 수 있다. 정체성에 혼동을 겪을 수 있고 말하기에 자신감을 잃어 말하기를 꺼려하는 아이로 성장할 수도 있다.

언어발달 뿐 아니라 정서발달에도 영향을 미칠 수 있다. 부모가 아이에게 모국어로 할 수 있는 말의 깊이와 외국어로 하는 말의 깊이는 다르다. 또한 모국어는 부모가 아이들의 감정을 보듬어줄 수 있는 언어다. 따라서 부모가 가장 잘, 그리고 가장 편하게 할 수 있는 언어로 아이들과 깊고 풍부하게 상호작용을 하는 것이 중요하다.

튼튼한 뿌리 언어가 존재하면서 외국어 경험이 쌓이면 아이들의 모국어 발달을 저해하는 것이 아니라 오히려 사고나 표현의 언어를 더 풍성하게 만들어준다. 영국에 이민 온 부모들은 혹시 아이들의 영어 발달이 늦어질까 봐 모국어를 포기한 경우가 많았다. 그런데, 결과는 그렇지 않았다. 모국어를 잘 유지한 아이들이 나중에 영어를 더 풍성하게 사용할 수 있었다. 이에 대한 연구 결과는 아주 많다. 이런 이유로 이중언어, 다중언어 육아를 한다고 해서 모국어를 소홀히 해서는 안 된다.

물론 일정 나이가 지나면 다른 언어가 자연스럽게 자리하는 데 어렵다. 그러니 아이가 다른 언어를 받아들일 수 있는 준비가 되었다면 영어 조기 노출은 권한다. 어릴 때는 머릿속에 편견이 없기 때문이다. 우리는 어른이 되면서 틀린지 맞는지에 집착하게 되지만 아이들은 틀릴까 봐 걱정하지 않는다. 언어를 배우는 데 중요한 'Who cares? 누가 신경이나 쓴대?, 알게 뭐야?'의 자세로 언어를 대할 수 있다. 어릴 때 하는 언어 노출의 강점은 자유로움과 용감함에 있다.

외국어에 대한 조기 노출을 하더라도 조기 교육, 조기 학습이 목표가 되는 것은 위험하다. 교육과 학습의 목적으로 평가의 틀이 생기고 맞고 틀리고를 따지면 아이들이 가지고 있는 자신감이라는 강점을 빼앗을 수 있다. 조기 노출의 목적은 아이들이 자유롭게 영어를 접하며 재미있고 좋아하는 마음을 기르는 것이다.

시기보다 중요한 것은 방법이다. 강제 노출이 아니라 자연스럽고 즐거운 언어 노출이 중요하다. 그리고 일방적인 노출이 아니라 지속적인 소통이 이루어져야 한다.

10세만 넘기지 않으면

영어 공부에 대해 이야기할 때 '나이'는 항상 우리의 관심 대상이다. 영어 공부는 무조건 어릴 때 시작할수록 좋다고 생각하는 사람들이 많은 것 같다. 한국에서 영어 유치원이 굉장한 인기를 끌고 있는 이유도 조금이라도 더 어린 나이부터 아이에게 영어 공부를 시키기 위한 목적일 것이다. 하지만 과연 무조건 어리면 어릴수록 좋다는 것이 사실일까? 어릴 때 시작하지 않으면 영어 공부를 하기에 너무 늦은 것일까?

2018년 미국 MIT 연구진들이 영어를 처음 배우기 시작하는 나이와 영어 실력의 관계를 밝히기 위해 간단한 영어 테스트를 개발해 온라인에 공개한 적이 있다. 이 테스트는 많은 사람들의 관심을 받아 약 67만 명의 답변이라는, 언어 학습 연구 분야에서 가장 큰 규모의 데이터를 얻게 되었다. 연구진들이 이 답변들을 분석한 결과, 아주 어린 나이에 '결정적 시기'가 존재한다는 이전 연구들과는 사뭇 다른 내용을 밝혀냈다.

연구진들은 언어 공부를 시작하는 중요한 나이로 10세를 꼽았다. 10세부터 18세까지가 언어를 배우는 최적기이고, 18세 이후에는 학습 정도가 감소하는 것이 보였다. 하지만 10세 때 영어 공부를 시작한 그룹과 태어나면서부터 시작한 그룹 사이에는 영어를 소위 말해 네이티브처럼 말하는 데 큰 차이가 없었다는 것이다.

또한 이 연구에서는 시간이 지나면서 모국어를 포함한 언어 능력이 계속 향상될 수 있다는 것도 보여 주었다. 우리는 약 30세가 되어야만 모국어의 문법을 완전히 마스터할 수 있다는 것이다. 원어민도 중년이 될 때까지 모국어로 하루에 한 개 정도의 속도로 새로운 단어를 배워 나간다는 연구 결과도 있다.

그렇기 때문에 미취학 아이들의 영어 공부 때문에 조급한 마음을 가질 필요가 없다. '미취학 아이들'과 '너무 늦었다'라는 표현은 함께 쓰이기엔 적절하지 않은 것 같다. 10세 이전의 아이들에게 중요한 것은 영어를 즐겁고 재미있게 만나는 것이다. 간단한 준비 운동을 하는 것처럼 만나면 된다. 아이들이 영어를 골치 아픈 공부로 접하지 않도록 해야 한다.

TipBox

언어 교육에서 '무조건 빨리', '이왕이면 일찍'이 다 통하지 않습니다. 시기보다 중요한 것은 아이가 영어에 긍정적인 정서를 갖도록 상황을 마련해 주는 것이지요.

영어에 대한 호기심을 갖게 해 주세요

새로운 언어를 배우는 것은 새로운 세상을 배우는 것과 같다. 우리는 아이가 이런 미지의 세상에 호기심을 가지고 다가갈 수 있도록 도와줘야 한다. 모르는 단어, 틀린 문법에 집착해서는 안 된다. 아이가 나무가 아니라 숲을 볼 수 있도록 해야 한다. 영어라는 세상의 큰 그림을 그리게 해 줘야 한다. 새로운 세상에 대한 설렘과 호기심은 배움에 대한 가장 좋은 원동력이자 동기가 된다.

영어 말하기를 주저하게 만드는 요인 중 하나는 문법일 테다. 영어를 배우면서 처음 접하는 단수와 복수, 관사 등의 문법은 사실 영어를 모국어로 쓰는 아이들도 오랫동안, 자주 실수를 하는 부분이다. 뿐만 아니라, 이렇게 정형적인 문법도 개개인마다 사용하는 방식이 다른 경우가 있다.

예를 들어 영어에서 관사를 쓰는 방식은 각자 그 상황을 머릿속으로 어떻게 그리는지에 따라 다르게 나타날 수 있다. 우리말에서 은/는, 이/가 등의 조사를 쓰는 방식이 사람마다 조금씩 다른 것과 비슷하다. 또한 이런 문법적인 부분은 앞으로 인공지능의 도움을 쉽게 받을 수 있다.

문법은 언어를 잘 사용하기 위해 필요한 규칙이다. 문법을 잘못 써서 내용 전달이 부족할 수 있고 언어의 미묘한 차이를 놓칠 수 있다. 하지만 현실에서 영어 실력은 문법 구사력이 아닌 맥락을 고려할 줄 아는 의사소통 능력에 좌우된다. 그러니 문법을 의사소통을 위해 필요한 요소 중 하나 정도로 인식하는 게 필요하다. 아직 초등학교 고학년이 되지 않은 아이들에게 문법을 거론한다면 영어는 지루하고 골치 아픈 학습의 대상으로만 남게 된다.

우리는 문법을 생각하고 고민하느라 말하고 싶은 순간, 말해야 하는 순간을 아쉽게 놓치는 경우가 너무 많다. 나도 영국에서 박사 공부를 할 때, 세미나를 들으면서 머릿속으로 완벽한 문장을 만들려다가 시간이 흘러 세미나가 끝난 후 한숨을 쉰 기억이 매우 많다. 더군다나 우리 지도 교수님의 별명은 속사포였다. 문법을 고민하는 순간 하고 싶은 말을 할 기회는 지나가 버렸다.

세상에 완벽한 문장은 없다. 완벽한 문장을 말할 필요도 없다. 문법에 신경을 쓰느라 아이가 가지고 있는 호기심을 죽이지 말자. 영어에 대한 호기심을 발동시켜 주고, 당당하게 말할 수 있는 기회을 만들어 주자.

이중언어 습득에 대한 연구를 보면, 영어를 언어라고 보지 않고 인식하지 못할 때 아이들이 영어를 가장 잘 습득하는 경우가 매우 많다.

스칸디나비아 사람들은 특별히 우리처럼 영어에 목숨을 걸지 않아도 대부분 영어를 잘한다. 영어가 그냥 일상이기 때문이다. 스톡홀름대 교수인 스웨덴 친구가 한 가지 우스갯소리처럼 말하기로, 스웨덴 방송이 재미가 없어서 사람들이 집에서 영국 방송을 본다고 한다. 아이들 방송까지도 영국 방송이 많다고 한다. 그러다 보니 영어 방송이 스웨덴 사람들에게 일상이 되어 버린 것이다.

한 벨기에 친구는 꼭 언어 공부를 하려는 목적이 아니라도, 예를 들어 커피숍에서 아르바이트를 할 때도 3~4가지 언어를 하는 것이 자연스럽다고 한다. 어릴 적부터 여러 언어에 자연스럽게 노출이 된 상황인 것이다. 그러다 보니, 말이 입 밖으로 나오는 것이 자연스러운 문화라고 한다. 아무도 다른 사람의 문법이 이상하다, 비문법적이다, 이렇게 판단하는 생각의 패러다임을 갖고 있지 않은 것이다.

우리 아이들에게도 틀리는 것이 무서워 입을 닫는 것이 아니라, 하고 싶은 말을 마음껏 할 수 있는 환경을 만들어 줘야 한다.

좋아하는 것과 영어를 융합해 보자

예전에 학자들이 영어 학습과 관련해 다음과 같은 실험을 한 적이 있다. 5~6세의 또래 아이들을 모집해 두 개의 그룹으로 나눴다. 한 그룹의 아이들에게는 요리를 가르쳐 주면서 관련된 영어 단어들이 자연스럽게 귀에 들리게 해 주었다. 영어 공부 시간이라는 느낌을 받지 않도록 해 준 것이다. 다른 그룹의 아이들은 직접 요리를 하지 않았다. 아이들은 대신 사진으로 요리 재료를 보면서 영어 단어를 접했다.

수업이 끝난 후 아이들이 단어를 알고 있는지 학자들이 테스트한 결과, 요리를 직접 한 그룹의 아이들은 단어 공부라는 것을 전혀 염두에 두지 않았음에도 불구하고 단어를 다 기억했다. 실험이 끝나고 3주 후에도 여전히 단어를 기억하는 것으로 나타났다. 무엇보다도 아이들이 그 요리 시간을 매우 즐거워했다는 것을 알 수 있었다. 반면에 요리를 직접 하지 않고 요리 과정을 사진으로만 본 그룹의 아이들은 단어도 금방 잊어버리고 수업 시간을 지루해하는 것을 볼 수 있었다.

이렇듯 문법이나 어휘 등을 명시적으로 배우지 않고 실제 과제로 자연스럽게 접하면서 언어를 배우는 것을 전문 용어로 '과제중심 언어학습Task-based language learning'이라고 한다. 영어 공부를 한다는 생각 없이 좋아하는 활동을 하면서 즐겁게 영어를 배우는 것은 아이들에게 최고의 학습 방법이다.

요리를 좋아하면 요리와 영어를, 베이킹을 좋아하면 베이킹과 영어, 게임을 좋아하면 게임과 영어를 연계할 수 있다. 나 같은 경우에는 팝송을 아주 좋아했는데, 요즘 케이팝 팬들이 한국어를 공부하듯이 나는 팝송 덕분에 영어 공부를 즐겁게 할 수 있었다. 이처럼 잘 찾아보면 아이가 특히 더 좋아하는 것과 영어를 연결할 방법이 있을 것이다.

케이팝을 좋아하는 한국어 학습자들처럼 영어로 된 팝송을 좋아하는 아이들도 있을 것이다. 이런 아이들을 위해서는 유튜브에 있는 가사 비디오를 활용할 수도 있고, 영어 가사를 한국어로 번역하는 연습을 해 볼 수도 있다. 노래를 부른 가수에게 관심이 있다면 가수의 인터뷰 영상이나 뉴스 기사 등으로 확장해 영어를 접할 수도 있다.

마블, 디즈니 등의 영어권 영화나 드라마를 좋아하는 아이들도 있을 수 있다. 영상을 볼 때 한국어/영어 자막 기능을 켜거나 꺼 볼 수도 있고, 크롬의 다양한 확장 프로그램을 사용해 넷플릭스나 유튜브 콘텐츠 자막의 뜻을 그때그때 찾아볼 수도 있다. 유튜브에 올라오는 촬영 비하인드 장면이나 인터뷰 영상을 보거나 뉴스 기사, SNS 포스트 등을 찾아보는 등 확장할 수 있는 가능성은 무궁무진하다.

아이가 좋아하는 것과 영어를 적절히 조합해 아이들에게 영어를 자연스럽게 노출해 주자. 영어에 대한 호기심을 발동시켜 줄 수 있을 것이다.

TipBox

아이들의 취미가 무엇인가요? 요리, 베이킹, 춤, 종이 접기, 그림 그리기, 레고 조립, 축구 등 아이들마다 각자 좋아하는 활동은 다 다를 거예요. 아이들이 좋아하는 것들을 찾아 영어와 연결할 수 있는 방법을 찾아보세요.

언어 상상력을 자극해 주세요

아이들이 말을 가지고 자유자재로 놀 수 있게 해 주는 것이 언어 상상력을 기르는 데 매우 중요하다. 아이들의 한국어와 영어가 같이 쑥쑥 자라날 수 있는 윈윈 학습 방법을 생각해 보자. 영어책으로도 한국어를 공부할 수 있고 한국책으로도 영어를 공부할 수 있다. 우리는 굳이 두 언어 사이에 뚜렷한 경계를 지으려고 하지 않아도 된다.

아이들은 커 가면서 집, 학교, 길, 식당, 도서관 등 어디에서나 가족들, 친척들, 친구들 등 만나는 사람들로부터 한국어, 영어 할 것 없이 언어를 배워 나간다. 아이들이 사용할 수 있는 총 언어의 레퍼토리가 계속해서 넓어지는 것이다. 아이들이 지니고 있는 이러한 다양한 언어를 어떻게 사용할 수 있을지 생각해 보는 것을 추천한다.

한국어와 영어를 유연하게 넘나들면서 아이가 가진 언어 상상력을 자극해 보자. 아이들과 함께 한국책을 읽으면서 "이건 영어로 어떻게 말할까?" 물어보고 함께 이야기해 보는 것도 좋은 방법이다.

예를 들어 색깔에 대한 어휘는 언어에 따라 다르기 때문에 정해진 답이 없다. 특정 색깔 단어를 어떻게 번역하면 좋을지 같이 찾아보는 것도 도움이 된다. 한국어에 많이 있는 의성어나 의태어를 영어로 어떻게 번역할지 이야기해 보는 것도 좋다. 한국어와 영어가 소리나 모습을 표현하는 방식이 서로 매우 다르기 때문이다. 예를 들어 쫄깃쫄깃, 보글보글, 소복소복, 사뿐사뿐 등의 단어를 마주하면 영어로 어떻게 표현해야 할까?

예전에 우리 아이 제시에게 한국 그림책을 읽어 주는데 '파릇파릇'이라는 우리말 단어가 나온 적이 있다. 영어와 일대일로 대응하는 단어가 딱 있는 것이 아니라서 아이와 함께 어떻게 번역하면 좋을지 이야기했다. 파란색blue, 초록색green 등 이야기를 하다 보니 아이가 'turquoise청록색?'라고 하더니 그 색깔의 색연필을 가지고 왔다.

엄마 파릇파릇이 뭔지 알아?

Do you know what pareutpareut means?

제시 아니 몰라. (고개를 저으며)

No. shaking her head

엄마 음··· 파릇이 뭐야? 파란색이 뭐야? 영어로?

Um ··· what is pareut? What's paransaek in English?

제시 파랑?

Blue?

엄마 응, 파릇파릇한 건 Green 도 돼.

Yes, pareutpareut can also refer to something green.

제시 이 색깔?

This color?

엄마 응, 그런 것도 돼.

Yeah, something like that.

그럼 파릇파릇은 영어로 뭐라고 해야 되지?

So what would you say pareutpareut is in English?

제시 음··· turquoise?

Um··· Turquoise?

그렇다고 해서 파릇파릇이 청록색과 일대일로 딱 떨어지는 것은 아닐 것이다. 청록색 바닷물을 보고 파릇파릇하다고 하지는 않으니까 말이다. 곰곰이 생각해 보면 우리는 새싹, 새순이 돋아날 때, 혹은 어리거나 젊은 사람들, 새로 무언가를 시작하는 사람들을 이야기할 때 이 단어를 쓴다는 점을 깨닫게 된다. 이 단어가 가진 색깔의 의미와 새롭고 어리다는 의미를 알게 되는 것이다. 영어를 공부하려다가 한국어 공부까지 하게 된다.

이런 식으로 한국어를 영어로, 영어를 한국어로 번역을 하다 보면 우리가 잘 알고 있다고 생각했던 어휘에 대해서 다른 관점에서 생각해 보고 그 속에 담긴 의미를 찾아 나가게 된다. 그 과정에서 어휘력과 표현력이 성장한다.

각 언어만의 문화가 담겨 있는 속담을 번역해 보는 것도 재미있는 놀이가 될 수 있다. 예를 들어, 내가 제시에게 단어 '파릇파릇'이 나온 위의 그림책을 읽어 줄 때 책에서 '눈 감으면 코 베어 간다'는 표현이 나왔다. 영어로 직역하니 더 무섭기도 하면서 재미있는 표현처럼 들려서 제시도 나도 서로의 코를 잡으며 웃음을 터뜨렸다.

우리 아이들을 보면 어릴 때 한국어와 영어로 자기들만의 말을 많이 만들었다. 한국 단어 '주무르다'와 영어의 -ing을 합쳐서 "주물링 해 줄까" 식으로 말하기도 했다. 정확한 영어, 정확한 한국어에 너무 집중하기보다는 아이들이 언어를 배우면서 떠오르는 상상력과 창의력을 자유롭게 발휘할 수 있도록 도와주자. 이런 과정에서 아이들은 모든 언어와 정서적으로 긴밀하게 연결되어 더 깊은 학습을 경험할 수 있다.

언어의 상상력과 창의력에 정답은 없다. 부모가 모든 정답을 알고 있어야 하거나 알려 줘야 할 필요가 없다. 아이도 부모에게, 부모도 아이에게, 서로가 서로에게 배울 수 있다. 함께 배워 나갈 수도 있다.

프랑스의 철학자 자크 랑시에르Jacques Ranciere는 그의 책에서 '무지한 스승'의 역할을 강조한다. 배움의 과정에서 선생님도 없고 학생도 없다는 뜻이다. 가르치고 배우는 역할이 구분되지 않을 때 오히려 다함께 성장할 수 있다는 점을 역설한다. 언어의 상상력에 대해서 생각하면서 아이에게 무엇을 어떻게 가르치고 설명해야 할지 너무 고민하거나 걱정하지 말자. 아이와 부모가 충분히 상호작용하면서 서로가 가진 언어의 레퍼토리를 십분 활용한다면 언어의 세계를 탐험할 수 있을 것이다.

TipBox

아이가 공룡을 좋아한다면, 애니메이션 캐릭터를 좋아한다면 이것을 활용해 시작해 보세요. "밥 먹자", "안녕하세요", "학교 가자" 처럼 대화에 직접 쓰는 표현을 맥락 속에서 활용하면 의미를 더 잘 이해할 수 있어요.

낯선 환경에서 영어를 말한 경험이 별로 없는 아이들에게 영어만 말하게 한다면 아이들은 말이 트이는 게 아니라, 도리어 입을 다물게 된다. 아이도 부모도 말이 되든 안되든 편한 마음으로 짧고 간단한 말로 소통을 시작해 보자.

2부에서는 표현 영어가 뿌리 내리기 위해 부모와 아이가 함께 할 수 있는 몇 가지 습관을 알아본다. 아이에게는 값비싼 커리큘럼보다 부담없는 환경이 필요하다.

*

법칙

2

표현 영어의 뿌리

영어 유치원에 가지 않아도 **영어를 잘할 수** 있습니다

영어 유치원에 가지 않아도 영어를 잘할 수 있습니다

부모들의 영어 유치원에 대한 관심은 여전하다. 교육부에 따르면 '1일 4시간 이상 수업하는 유아 대상 영어 학원'이 2017년 이후 70퍼센트 이상 증가했다고 한다. 계속되는 저출생의 추세를 생각하면 엄청난 증가세이다. 영어 조기 교육의 목표가 일찍 영어에 노출하는 것이라면 나는 영어 유치원에 가고 안 가고는 중요하지 않다고 생각한다. 요즘 같은 시대에는 영어에 일찍 노출할 수 있는 자료가 무궁무진하기 때문이다.

조기 영어 교육의 문제는 시기에 있다기보다 방법에 있다. 아이들은 각자의 수준과 환경에 맞는 영어에 노출돼야 하고 그 영어에 익숙해져야 한다. 본인에게 익숙치 않은 영어, 실제로는 전혀 쓸 일이 없는 영어를 배우는 것은 시간도 돈도 큰 손실이다. 실제로 쓰지 않는 영어는 죽은 영어이기 때문이다. 조기 영어 교육을 통해 얻으려고 하는 것 중 하나가 영어를 편하고 친숙하게 느끼는 것이라면 학원 말고도 다른 답이 많이 있을 것이다.

모든 아이들이 다 영어 학원을 편하게 느끼지 않는다는 것도 반드시 기억해야 할 일이다. 학원이라는 환경이 과연 아이에게 좋을지 생각해 봐야 한다. 모든 학원이 다 그런 것은 아니지만, 학원에서는 아이들이 경쟁적으로 되기 쉽다. 이런 경쟁적인 환경은 소통하려는 의지에 큰 영향을 준다. 실제로 아이가 영어 스트레스로 말하기를 멈추거나 유치원 가기를 꺼려하고 불안감을 보이는 사례는 많이 있다. 한국어도 채 뿌리내리지 못한 아이들에게 부모, 가족들과의 유대 관계가 아니라 모르는 사람들, 낯선 환경에 적응을 강요하는 것은 대부분 아이들의 언어 발달뿐 아니라 인지와 정서 발달에 문제를 가져올 수 있다.

영어에 마음의 문을 여는 것이 주목적이라면 일부러 경쟁적인 환경을 찾아가는 것은 생각해 봐야 한다. 물론 외향적인 아이들이나 이런 분위기를 좋아하는 아이도 있을 것이다. 하지만 세계 절반 이상의 인구는 내향적인 쪽에 가깝다. 이런 사람들에게는 특히 나 경쟁적인 환경이 촉매제가 되기보다는 부담을 주고 말하려는 동기를 꺾을 수 있다.

언어학자 스티븐 크라센Stephen Krashen은 동기, 자신감, 불안을 제2언어 습득에 영향을 미치는 세 가지 변수로 꼽았다. 이 세 요소는 언어 학습자의 마음속에서 언어적 입력을 막아 인지를 차단하는 가상의 벽으로 생각할 수 있다. 불안, 두려움, 당혹감과 같은 부정적인 감정이나 정서가 높아지면 언어 습득이 어려워진다는 것이다. 반대로 정서적 필터가 낮아지면 안전감이 높아져 언어 습득이 원활하게 이루어진다. 실제로 신경과학 분야의 최신 연구에서도 스트레스가 사고와 학습에 영향을 미친다는 크라센의 이론을 뒷받침하는 것으로 보인다.

이와 관련해, 앞서 이야기한 미셸 토마스의 언어 학습이 영미권에서 크게 인기를 끌었다. 미셸 토마스는 학생들에게 직접 프랑스어를 가르칠 때 책상 대신 소파를 가져왔는데, 긴장한 채로 책상 앞에 앉아 있는 것이 아니라 소파에 편안히 기대앉아 있을 때 학생들의 언어 두뇌가 작동한다는 가설을 바탕으로 한다. 배우는 것을 머릿속으로 기억하려고 힘쓰지 않고 오히려 가장 자연스럽고 편안한 상태에 있을 때 아이나 어른이나 그 언어를 말할 수 있게 되는 방법이다. 정말로 신기하게도 수많은 사람들이 이 방법으로 언어를 마스터했다. 그의 언어 교수법을 다룬 BBC 다큐멘터리도 있다. https://youtu.be/O0w_uYPAQic

나도 이 방법으로 한국어를 배우는 책을 썼고, 영국인 두 명에게 일주일 동안 한국어를 가르친 경험이 있다. 정말로 놀랍게도 한국어를 한 마디도 못하던 두 사람이 일주일이 지나자 한국어로 대화하는 것을 보았다. 이 방법을 영어 공부에도 적용해 보려고 지금 구상 중이다.

편안한 마음은 언어를 배울 때 정말로 중요하다. 학원과 잘 맞는 아이도 있겠지만, 아이가 학원에서 마음이 편안하고 행복하지 않다면 아이의 언어 감각에 불씨를 지펴 줄 곳으로 적절하지 않다. 학원이 아니더라도 아이가 가장 편안한 마음을 가질 수 있는 공간을 찾아 보자. 또 가장 편안하게 말할 수 있는 영어 대화 파트너를 찾아 보자. 영어로 소통할 수 있는 외국인 친구들이 주변에 있다면 그 친구들과 교제할 수 있는 자연스러운 기회를 종종 만들어 보자. 영어 도서관에 있는 선생님들과도 대화해 보는 것도 좋다.

그렇지만 가장 가깝게는 부모일 것 같다. 아이가 부모와 쉬운 대화를 영어로 하는 것을 생활화하면 좋겠다. 부모도 영어에 대한 두려움을 극복하고 말하기를 시작해 보는 것을 권한다. 모든 것을 영어로 말할 필요는 없다. 다만 영어가 삶에 몇 군데라도 자연스럽게 묻어날 수 있는 환경을 만드는 데 두려워하지 않았으면 좋겠다. 그런 의미에서 이 책의 3부가 도움이 될 수 있길 바란다.

TipBox

최고의 언어 학습은 좋아하는 마음을 갖게 하는 것입니다. 아이가 스트레스 없이 영어에 흥미를 느낄 수 있도록 자연스럽게 노출해 주세요.

파닉스
꼭 해야 하나요?

"파닉스 꼭 해야 하나요?", "영어를 자연스럽게 노출해서 읽히려면 너무 힘들고 오래 걸릴까요?", "파닉스를 하지만 헷갈려해요. 완전히 될 때까지 계속 반복해야 하는 게 맞나요?"

한국에서 많은 부모들이 파닉스 영어 교육법을 아이들에게 가르치고 있다. 하지만 파닉스가 영어 교육의 전부인 듯 과장된 경우도 많아 올바른 학습법을 알고 싶어서 내게 이런 질문을 건네는 부모들이 있었다.

파닉스phonics는 단어가 가진 소리, 발음을 배우는 교수법이다.

예를 들어 파닉스를 통해서 c, k, ck 가 같은 발음을 낼 수 있다는 것을 배우게 된다. 어떤 발음이 어느 알파벳과 결합되어 있는지를 알려준다. 그리고 그 알파벳의 발음을 조합해 모르는 단어의 발음을 구성하는 방법을 배우는 학습법이다. 영어 알파벳의 기본 소리를 알고, 알파벳의 조합에 따른 소리 변화를 익혀 영어 철자와 발음 사이의 룰을 익히게 해 주는 데 유용하다.

파닉스는 영국에서도 초등 저학년 수업에 자주 등장한다. 특히 2010년 당시 교육부 장관이었던 마이클 고브Michael Gove는 아이들의 스펠링 교육을 매우 강조하면서 이를 위해서 어린 시기부터 파닉스 교육에 많은 초점을 두었다. 그렇지만, 최근 연구들에 따르면 파닉스 공부와 아이들의 독서, 문해력 사이에 큰 상관 관계가 없을 뿐 아니라, 파닉스를 너무 강조하면 오히려 아이들의 독서 욕구가 저해된다는 결과들이 나왔다. 심지어 교육자들은 정부를 상대로 파닉스 교육에 대해 제고해 볼 것을 요구하고 있다.

파닉스 자체가 좋고 나쁘다라고 말할 수는 없다. 파닉스는 워낙 예외도 많고, 알파벳으로는 다 담아내기 어려운 영어의 음성적 다양성을 좀 더 잘 이해하기 위해 만들어 놓은 좋은 플랫폼일 뿐이다. 다시 말하면 파닉스는 불규칙도 많고, 예외도 많은 영어에서 철자와 소리 사이의 관계 패턴을 익히는데 연습할 수 있는 수단 정도로 생각할 수 있다.

이 방법은 대개 아이들에게 어느 정도 영어의 소리-철자 관계에 익숙하게 해 주는 데 장점이 있는 것은 사실이지만, 여기에 100퍼센트 의존하는 것은 큰 의미가 없다. 파닉스를 몰라도 - 읽기와 듣기를 많이 하면 아이들은 문맥 속의 단어에 노출되고, 그 단어의 뜻을 익히게 되면서, 그 과정에서 파닉스 연습 없이도 단어의 소리, 의미, 철자를 익힐 수 있기 때문이다.

이 과정이 시간이 좀 많이 걸린다고 생각할 수도 있지만, 사실 이렇게 천천히 단어에 익숙해지는 것을 권하고 싶다. 문맥 속에서 단어를 만나면 오랫동안 단어와 의미와 소리 철자가 아이들 머릿속에 남고, 더 잘 이해할 뿐 아니라 직접 말로 표현할 수 있는 조합으로 남는다. 파닉스는 알파벳의 기본 소리를 알고 그 변형 원리를 가르치는 것이 목적인 만큼 기본 원리를 이해하고 이를 적용할 수 있는 능력을 기르는 것으로 충분하다. 읽기 없이 파닉스 자체만 반복하는 것은 그렇게 추천하지 않는 방법이다.

파닉스 공부는 온라인이나 멀티미디어로 손쉽게 할 수 있다. 아이가 모르는 단어의 소리가 궁금하다면 인터넷으로 각각의 단어 소리를 들어보고 아이가 따라 발음해 볼 수 있도록 해 보자. 한번에 잘 이해되지 않더라도 짧게라도 하루 몇 분씩 규칙을 정해 연습해 보면 기초를 다질 수 있다.

여기서 잊지 말아야 할 점은, 부모의 발음이 또 아이의 발음이 교과서 발음과 똑같지 않아도 된다는 점이다. 나라마다 파닉스 소리는 매우 다르고 실제로 발음은 다양하다. 특정 교재의 파닉스 소리만을 정답처럼 받아들이면 오히려 폭넓은 발음을 이해하는 데 방해될 수 있다.

TipBox

세상에는 정말 다양한 영어 발음이 있습니다. 새 단어를 보면 그 단어의 발음을 여러 번 듣고 연습해 보세요.

영어와 한국어를 섞어 써도 될까요?

"아이가 한국어로 말할 때 영어 발음이나 단어를 혼용하는데 괜찮을까요?", "두 언어를 제대로 잘 배우지 못해서 그런 게 아닐까요?" 아이가 영어와 한국어를 섞어 쓰는 것에 대해 걱정하는 부모님들이 있다.

영어와 한국어를 적절하게 섞어 쓰게 하는 것은 영어 숲을 이루는 데 큰 도움이 되는 표현 영어의 아주 중요한 법칙이다. 이중 언어를 사용하는 이가 말할 때 두 언어를 섞어 사용하는 것은 틀린 것이 아니라 지극히 자연스러운 현상이다.

언어 습득론에서 이러한 현상을 코드 스위칭Code Switching이라고 한다. 역사적으로 코드 스위칭은 언어 접촉language contact이 있는 곳에서는 어느 때고 일어나는 흔한 것이다.

13~15세기 중세 영시英詩는 영어와 불어, 라틴어가 섞여 쓰였다. 미국에서 쓰이는 스페인식 영어인 스팽글리시Spanglish와 웨일스에서 쓰이는 웨일스식 영어인 웰시-잉글리시Welsh-English도 이러한 코드 스위칭의 한 예이다. 마찬가지로 멕시코와 미국의 국경 지역에서 스팽글리시를 쓰는 사람은 자신들의 사고를 영어로만 혹은 스페인어로만 표현하는 데 많은 한계를 느낀다. 두 언어를 적절히 조화한 스팽글리시가 이들에게 최적의 언어이다.

섞어 쓰기에는 여러 가지가 있는데, 단어만 적절히 골라 섞어 쓸 수도 있고, 문장이나 문법적인 구조를 섞어 쓸 수도 있다. 섞어 쓰기는 단순히 대화를 효과적으로 만드는 것뿐 아니라, 그 안에 재미와 흥미도 더해 주고, 언어를 친밀하게 느끼게 하는 데 효과가 있다. 섞어 쓰기를 금지할 때, 아이들이 언어에 흥미를 잃는 경우가 많다.

연구에 따르면 특히 한글 학교와 같은 계승어 학교에 다니는 아이들에게 한국어만 쓰게 하니 오히려 한국어에 흥미를 잃는 경우가 많다. 반대로 영어 유치원에서 영어만 쓰게 했을 때 아이들은 영어를 즐거움이 아닌 두려움의 대상으로 만나는 경우가 많았다. 섞어 쓰기에 대해 부정적인 이야기를 많이 하면 아이들은 내가 말하는 것이 틀린 말이라는 강박 관념 때문에 입을 더 굳게 닫기 마련이다.

대부분의 이중, 다중 언어 화자들은 모두 이 섞어 쓰기에 능숙한 사람들이다. 나도 우리 아이들이 영어와 한국어를 섞어 쓰기 하는 것을 오랫동안 보아 왔다. 종종 한국어 문장 구조에 영어 단어를 가져와 쓰는 것도 보았고, 영어의 접미사를 한국어 단어에 가져와 붙여 쓰는 섞어 쓰기도 보았다. 예를 들면, 우리 둘째 아이는 주물러 주다와 - ing 를 붙여서 엄마, shall I give you jumuling? 같은 말들을 끊임없이 만들어 냈고, 지금도 이런 비슷한 말을 많이 한다.

한국어에는 존대법이 잘 발달한데 반해, 영어에는 존대법이 없어서 대화가 어색할 때, 한국어의 지칭어를 영어에 적절히 가져다 쓰는 것도 많이 보았다. 한국어에 여러 가지 존칭어들은 이미 옥스퍼드 영어 사전에도 여럿 들어갔는데, 앞으로 한류 드라마 덕분에 더 많이 들어갈 것으로 보인다.

어린 아이들은 한국어의 집을 지으면서 영어의 집을 지어 나가야 한다. 이런 아이들에게 영어로만 말하기를 강요하면 아이들의 정서 표현이 제한되고, 가까운 사람과 가장 유대적이며 친밀한 관계를 형성하는 데 문제가 생긴다. 마음의 언어를 표현할 기회를 잃게 되고, 그 언어를 공유할 대상이 없게 된다. 여러 언어를 섞어서 자신에게, 자신의 상황에 가장 맞는 언어를 만들어 내는 것은 어른들뿐 아니라 아이들에게도 매우 중요한 일이다. 아이들의 이러한 창조적인 과정을 틀리다고 판단한다면 언어 교육에서 잃어버리는 게 너무 많다.

부모와 아이들이 함께 만들어 가는 영어, 한국어가 적절히 배여 있는 영어는 틀린 영어가 아니다. 지금까지 우리가 교과서에서만 접한 영어와 다를 뿐이다. 세상에 틀린 영어는 없다. 다른 영어만 있을 뿐이다. 언어는 문화와 상호작용의 산물이다. 문화와 상호작용의 대상이 다르면 당연히 만들어지는 언어도 다를 수밖에 없다.

과거에는 언어를 섞어 쓰는 것에 대해서 부정적인 시간이 많았다. 섞어 쓰는 것이 언어 습득의 일시적인 현상이라고 여겨졌다. 그러나 가장 최근에는 '언어와 언어 사이의 벽 허물며 말하기 translanguaging' 라는 새로운 이론 속에서 언어를 섞어 쓰는 것이 아이들의 표현 어휘, 창의성 발달에 최적화된 환경을 마련해 준다는 이론이 큰 힘을 얻고 있다. 나 역시 이 섞어 쓰기에 한 언어 교육 모델을 영국 정부와 함께 만들고 있다.

개인적으로 나는 우리 아이들의 언어 발달을 2014년부터 지금까지 기록하며 연구하였고, 이를 통해 언어를 경계 없이 사용하는 것이 아이들뿐만 아니라, 부모의 언어 생활을 얼마나 풍부롭게 만들고 재미있게 하는지를 실제로 경험하게 되었다.

앞으로 인공지능 시대를 살아가는 우리 아이들은 표준화된 언어가 아니라 핵분열하듯이 다종다양한 언어를 접하게 될 것이다. 이런 아이들에게 필요한 언어 능력은 자신의 환경에 가장 맞는 말을 적절히 만들고, 응용하여 말할 수 있는 능력이다.

우리 아이들은 영국 아이들이 아니고 미국 아이들이 아니다. 우리 아이들의 영어는 한국어적인 요소를 빼고 생각할 수 없을 것이다. 아이들이 자신만의 영어를 다듬어 가고, 키우게 하려면 섞어 쓰기와 같은 개방적인 영어 습득이 중요하다.

Tip Box

섞어 쓰기에 관대해지면 아이들은 편한 마음으로 영어와 한국어 각각의 묘미와 표현의 힘을 배우게 될 거예요.

표현하는 영어가 진짜입니다

아이들은 결국 영어라는 언어를 통해 자신만의 생각이나 감정을 표현할 수 있어야 한다. 이를 위해 말이나 글, 그림 등을 비롯한 다양한 방법으로 표현하고 싶은 것을 마음껏 해 볼 수 있는 기회를 마련해 줘야 한다.

영국 아이들은 아주 어릴 때부터 'show and tell', 즉 '보여 주고 말하기' 놀이를 한다. 유치원이나 학교에서 이 놀이를 많이 하는데, 아이들이 자기 물건을 학교에 가져가서 반 친구들 앞에서 소개하고 이야기하는 시간이다. 우리 아이들은 초등학교 1학년이 되기도 전부터 뭔가 재미있는 것을 발견하면 다음 날 학교에 가져갈 마음에 설렜다.

나는 이 놀이가 아이들의 말문을 여는 데 매우 좋은 방법이라고 생각한다. 집에서 가족들과 함께 이런 놀이 시간을 가지는 것이 어떨까 싶다. 가족들끼리 주기적으로 모여 각자가 최근에 산 것, 주운 것, 혹은 찾은 것 등 무엇이든 한 가지 물건에 대해서 돌아가면서 5~10분 정도씩 짧게 자유롭게 이야기하는 것이다.

친한 친구들끼리 모여서 같이 책을 읽거나 공부를 하고 이 show and tell 시간을 갖는 것도 좋을 것 같다. 아이들은 가족들, 친구들에게 자기가 보여 주고 싶은 것, 소개해 주고 싶은 것에 대해 마음껏 이야기할 수 있다. 또한 다른 사람들에게 질문을 받으면서 질문에 대해 대답하며 대화하는 시간도 가질 수 있다. 뿐만 아니라 다른 가족들, 친구들이 가져온 물건을 같이 관찰하고 만져보면서 이야기를 들을 수도 있다.

우리 아이들은 자기가 만든 고양이집부터 직접 만든 로켓, 포스터, 그림, 길가에서 주운 돌멩이까지 가져가고 싶은 것은 무엇이든 학교에 가지고 갔다. 아이들에게는 이런 물건이 매우 많을 것이다. 그리고 친구들과 가족들에게 자기 물건을 보여 주고 조잘조잘 말할 생각에 마음이 들뜰 것이다. 각자에게 의미있고 다른 사람들에게 보여 주고 싶은 물건이면 무엇이든 괜찮다. 다른 사람들에게 말로 설명하면서 질문도 듣고 다양한 표현을 해 보는 것을 어릴 적부터 몸에 배게 하는 것이 이 놀이의 중요한 포인트이다.

생각이나 감정을 말뿐 아니라 그림으로 표현해 보는 것도 좋은 방법이다. 책을 읽거나 영화를 본 후에 하는 활동으로 하기에도 좋고, 새로운 영어 어휘나 표현을 배우면서 하기에도 좋다. 새로 알게 되는 영어 단어나 구절, 문장 등에서 연상되는 이미지를 시각적으로 표현해 보자. 이러한 접근 방식은 아이의 우뇌를 활성화하고 기억력을 향상시키는 데 도움을 준다.

예를 들어, 영화 〈겨울왕국〉을 보면서 'Do you want to build a snowman?'이라는 노래를 듣고 표현을 알게 됐다면, 아이와 함께 각자 눈사람을 그려 볼 수 있다. 눈사람을 그리는 동안 혹은 그린 후에 관련된 이야기를 나눌 수도 있다.

- Do you want to build a snowman? Let's build our snowmen! (눈사람 만들래? 우리 눈사람 만들어 보자!)
- How do you call him? What's his name? (눈사람 뭐라고 불러? 눈사람 이름이 뭐야?)
- Olaf likes warm hugs. What about your snowman? What

does he like? (올라프는 따뜻한 포옹을 좋아하지. ㅇㅇ눈사람은 어때? 뭘 좋아해?)

- What does he look like? (눈사람이 어떻게 생겼어?)

영어 표현 하나로 시작된 그림 그리기를 더 많은 표현으로 확장할 수 있다. 눈사람이 좋아하는 것에 대해 이야기하면서 상상력을 펼쳐 나갈 수도 있고, 신체 부위나 옷차림, 특징을 묘사해 볼 수 도 있다. 이것은 단지 하나의 예시에 불과하고, 동물이나 날씨, 음식, 스포츠 등 모든 주제와 관련된 그리기 활동이 가능하다. 그림뿐 아니라 다양한 만들기 활동으로 연계할 수도 있다.

제시가 그린 그림

글쓰기를 조금씩 시작하려고 할 때는 그림에 글을 결합하는 방식으로 그림 일기를 쓰는 것을 추천한다. 아직 모든 글을 영어로 쓰기에는 무리일 수 있기 때문이다. 짧은 영어 문장에 그림으로 정보를 추가해 글쓰기 부담을 덜어 주는 것이다. 아직 영어로 문장을 쓰기 어려워한다면 그림을 그린 후에 제목 정도만 영어로 넣어 보는 연습도 좋다.

하지만 아이들의 영어 스펠링이나 문법을 지적하는 데 집중하지 말자. 그런 것들은 아이들이 크면서 천천히 배워 나갈 수 있다. 이 단계에서 중요한 것은 아이의 첫 영어 경험이 부정적으로 기억되지 않도록 도와주는 것이다.

아이들이 어린 나이에 영어를 경험할 때 맞고 틀리는 것보다 중요한 포인트는 마음속에 있는 생각과 감정을 마음껏 표현해 보는 경험을 하는 것이다. 그리고 그것을 통해 자신이 좋아하는 주변 사람들과 소통해 보는 총체적인 경험을 즐겨 보는 것이다. 이는 비단 영어에만 해당하는 것이 아니라 한국어도 마찬가지다. 한국어로든, 영어로든, 자신이 가진 언어들을 이리저리 사용해서 상호작용해 보는 것, 우리 아이들에게 꼭 필요한 경험이다.

TipBox

친구와 영어로 놀 수 있는 기회를 만들어 주면 어떨까요? 진짜로 영어가 의사소통 도구로 쓰이는 경험을 갖게 해 주세요.

한국어든 영어든 단어는 많을수록 좋습니다

아이들이 쓸 수 있는 단어는 한국어든 영어든 많이 가지고 있을수록 좋다. 아이들의 언어 레퍼토리가 늘어나고 생각과 감정을 표현할 수 있는 언어 선택지가 늘어나면서 상상력과 표현력을 기를 수 있기 때문이다.

그런데 어휘를 늘리기 위해 한국어는 한국어대로, 영어는 영어대로 철저히 분리해서 쓰는 것보다 한국어 단어와 영어 단어를 적절히 섞어 쓰는 것이 언어 연습에 좋다. 한국어 단어와 영어 단어를 골고루 가지고 있을 때 튼튼한 어휘장이 만들어질 뿐만 아니라 아이들의 두뇌 발달에도 좋기 때문이다.

두 가지 이상의 언어를 알고 적절한 곳에 사용하는 습관과 그 능력은 우리 뇌의 집행 기능과 문제 해결 능력을 발달시킨다는 장점이 있다. 또한 수많은 정보 가운데 불필요한 정보를 무시하고 필요한 정보에만 집중할 수 있는 능력을 기를 수 있다. 뇌 속에 활성화되어 있는 여러 언어들 가운데 한 언어를 선택하고 나머지를 통제하는 과정에서 인지적인 능력이 무의식적으로 발달되기 때문이다. 이러한 능력은 언어적인 능력에만 영향을 미치는 것이 아니라 그외 다양한 분야에도 도움을 준다.

뿐만 아니라 이중언어를 사용하면 뇌의 회백질 영역이 늘어나고 밀도가 높아지면서 뇌세포가 증가하고 뇌가 발달한다. 뇌의 백질 영역도 늘어나면서 뉴런의 연결이 강화되고 증가한다. 이러한 장점은 나이가 들어서도 나타난다. 연구자들은 이중언어 사용자들에게서 알츠하이머나 치매 같은 질병이 하나의 언어만 사용하는 사람들보다 늦게 발병한다는 것을 알아냈다.

이렇듯 이중언어는 우리 뇌에 긍정적인 영향을 미치는데, 우리 뇌 속에 있는 천억 개의 신경 세포들과 그 연결망이 가진 가장 중요한 특징은 계속해서 배우고 기억할 수 있다는 것이다. 이는 어릴 때에만 해당하는 것이 아니라 나이가 들어서도 마찬가지이다. 따라서 한국어, 영어 등의 단어를 너무 많이 익혀서 뇌의 용량이

찰까 봐 걱정하지 말고 우리가 쓸 수 있는 단어를 차곡차곡 채워 나가자.

연구에 따르면, 단어를 효과적으로 암기하는 비결은 단어에 노출되는 것과 크게 관련이 있다고 한다. 즉, 단어를 더 많이 접할수록 그 단어가 기억에 남을 확률이 높아진다는 의미이다. 예를 들어 '아겔라스트agelast'라는 단어를 처음 봤다고 생각해 보자. 이 단어는 '웃지 않거나 거의 웃지 않는 사람'이라는 뜻으로, 흔히 쓰지 않는 단어이다. 이 단어를 처음 봤다면 금방 잊어버릴 것이나. 하지만 이 단어를 반복해서 접하면 뇌는 단기 기억을 장기 기억으로 천천히 전환한다.

언어학자들은 한 단어를 1년에 12번 접하면 뇌가 그 정보를 장기 기억으로 저장한다고 말한다. 이와 관련해 일리노이 대학교 수잔 로트Sujan Rott의 연구에 따르면 4주 동안 6번 노출되면 단어 유지율이 크게 증가한다고 한다. 아직 모든 사람에게 효과가 있는 노출 빈도는 명확하게 밝혀지지 않았지만, 노출 횟수가 많을수록 단어가 머릿속에 잘 남아 있다는 것은 의심할 여지가 없다. 따라서 단어를 암기하기 위해서는 단어에 자주, 규칙적으로 노출하는 것이 중요하다.

그런데 여기에서 정말 중요한 점은, 무작정 단어 수를 늘리기 위해 영어 단어에 노출을 강압적으로 해서는 안 된다는 점이다. 영어 학원에 다니는 초등학생들이 매번 100개가 넘는 영단어를 외워서 시험을 보고 통과를 못하면 재시험을 위해 늦게까지 공부하는 일이 많이 있다. 이 방법이 과연 효과적일까?

아이들은 새로운 단어를 학습할 때 실제 맥락 속에서 단어의 소리와 의미를 파악한다. 일상 생활 속에서 모르는 단어를 접하고 자연스럽게 소리와 의미를 알아 가는 것이다. 짧은 시간 수백 개 단어를 외우는 것은 시험 결과에는 유리할지 몰라도 의사소통을 위한 영어에는 도움되지 않는다. 무엇보다 아이에게는 지겹고 힘든 일이다. 이런 스트레스는 영어 학습 동기를 잃어버리게 한다.

영어에 자연스럽게, 즐겁게 노출되는 것이 가장 중요하다. 노래에서 들렸던 단어가 영화에서도 들리고, 또 책에서도 보이고, 그런 방식으로 자연스럽게 익숙해져야 한다. 아이들의 일상 생활에 영어가 자연스러운 부분으로 자리잡을 수 있도록 하자.

단어 공부, 어떻게 할까요?

우리는 옷장에 옷이 아무리 많아도 '입을 옷이 없네'라고 혼잣 말하며 늘 입던 옷만 입곤 한다. 이유는 다양하다. 작아서 못 입는 옷도 있고 너무 커서 못 입는 옷도 있다. 살이 쪄서 못 입게 된 옷들은 살을 빼면 입을 수 있다는 희망에 절대로 버리지 못한다. 예뻐서 샀지만 유행이 아니어서 못 입는 옷들도 수두룩할 것이다.

영어 단어도 마찬가지이다. 단어를 많이 기억하고 있다고 해서 단어를 잘 쓰는 것은 아니다. 문맥 속에서 익히지 않고 뜻만 모조리 외우다시피 한 단어들은 우리 머릿속에 외톨이처럼 떠다닌다. 단어의 철자와 일차적인 의미 정도는 기억할 수 있지만, 실제로는 쓸 수 없게 된다.

단어는 반드시 스스로 문맥에서 여러 번 발견하여, 직접 몇 번 써 본 경우에만 자기 것이 된다. 자주 입어 몸에 착 맞는 옷이 자기 옷이 되는 것처럼 말이다. 나는 중학교 때 영어를 빨리 배우고 싶은 마음에 항상 수많은 단어를 손바닥에 빼곡히 적고 다녔다. 버스에서도 보고 길을 가다가도 보았다. 조금 지독하게 보였을 수도 있다. 그런데 이렇게 외운 단어는 절대로 머릿속에 남지도 않고, 입말에 붙지도 않았다.

가장 무모하고 무의미한 것이 몇 천, 몇 만 개 단어를 아는지 자랑하는 것이다. 또 문맥 없이 단어만 무작정 외우고 또 외우는 것이다. 이것들은 마치 옷장 속에 절대로 입지 않지만 자리만 차지하고 있는 옷들과 같다. 제일 좋은 것은, 책 한 권을 사전 없이 읽어 보는 것이다. 책을 사전 없이 읽다 보면 스스로 단어의 뜻을 유추하며 알게 된다. 단어는 반드시 문맥 속에서 배워야 한다.

좋은 글을 많이 읽는 것도 중요하다. 좋은 글을 많이 읽다 보면 영어의 감이 생기고 머릿속에 좋은 단어들이 쌓여 간다. 그런데 좋은 단어가 절대 어려운 단어는 아니다.

건축학자 로버트 하비슨Robert Harbison 교수님은 작년에 돌아가신 남편의 지인인데, 이분의 글은 너무나 감칠맛이 난다. 이분의 책을 읽으면 착착 감기는 듯한 느낌을 받을 수 있다. 이분께 글쓰기에 대해 질문한 적이 몇 번 있는데, 항상 쉬운 단어의 중요성을 강조하셨다. 하비슨 교수님이 말씀하신 것 중 하나가 'use'라는 단어가 있는데 굳이 'utilize' 같은 단어를 쓰지 말라는 것이었다. 짧고 쉬운 단어가 오히려 뇌리에 더 잘 남는 법이다.

마찬가지로 작가 조지 오웰George Orwell도 절대로 일부러 어려운 말을 쓰지 말고 가능하면 쉬운 단어로 글을 쓰라고 했다. 쉽고 간결한 글이 가장 힘이 있다는 이유에서이다. 우리는 쉬운 말, 쉬운 단어, 쉬운 표현에서 나에게 맞는 것을 골라 스스로에게 익숙하게 만들 수 있어야 한다. 이런 노력이 영어가 우리의 입에 붙게 하는 데 매우 중요한 역할을 한다.

간혹 한국 분들이 쓴 영어를 보면 어려운 단어가 너무 많다는 생각이 든다. 쓴 사람도 잘 모르는 단어를 가져다가 써서 맞지 않는 옷을 입은 것처럼 글이 어색하게 느껴진다. 단어의 실제 쓰임을 모르고 단어를 접해서 생긴 일이다. 어려운 단어를 많이 알고 쓰는 것은 우리에게 득이 될 것이 전혀 없다.

아이들이 영어를 말할 때도 쉬운 단어를 적절히 잘 사용하는 것이 관건이다. 어려운 단어를 너무 많이 외우기 위해 불필요하게 애쓸 필요가 없다. 쉬운 단어로 쉬운 글을 맛깔나게 쓰도록 하자. 그렇게 하기 위해서는 쉽게 잘 쓴 글들에 익숙해져야 한다.

TipBox

단어에 익숙해지려면 쉽고 좋은 글을 충분히 읽어 봐야 해요. 서점에 가서 아이들과 함께 단어 공부하기에 좋은 책을 골라 보세요. 그림이 더 많아도 좋아요. 아이들이 관심을 가질 만한 주제, 내용이면 좋겠죠? 영어 일기나 편지를 써 보는 것도 추천해요. 아이들이 무엇에 대해, 어떻게 쓸지, 무슨 단어를 사용할지 고민하는 과정에서 이미 알고 있는 단어들과 더 친해질 거예요.

마법의 단어
Please, thank you, sorry

영국 부모들은 'Please', 'Thank you', 'Sorry' 이 세 단어를 마법의 단어magic words라고 말하면서 아이들에게 중요하게 가르친다. 한국어에는 존댓말이 잘 발달되어 있고 영어에는 그런 말이 별로 없지만, 그렇다고 해서 영국 사람들이 서로 대화할 때 무례하게 말하는 것은 아니다. 그런데 우리나라 사람들이 영어를 사용할 때는 무례하지는 않아도 조금 직접적으로 말하는 편인 것 같다. 무엇보다도 이 세 가지 마법의 단어를 적절히 사용하지 않아 영국 사람들이 고개를 절레절레 내젓는 상황을 종종 보곤 한다.

예를 들어 식당에서 메뉴판을 달라고 할 때 "Menu."라고 하거나 물을 요청할 때 "Water."라고 하는 경우가 있다. 이는 마치 한국 식당에서 직원에게 "메뉴.", "물."이라고 툭툭 던지듯 말하는 것과 비슷하다. 물론 의도는 나쁘지 않겠지만 듣는 사람은 당황할 수 있는 표현이다. "Menu, please.", "Water, please." 등 'please'라는 아주 간단한 단어 하나만 붙여도 "메뉴 주세요.", "물 주세요."라고 한층 더 부드럽게 말할 수 있다.

이는 문화 차이로 인한 오해이다. 하지만 우리말에서 존칭이나 존댓말을 잘 쓰지 못하면 사람들과 좋은 관계를 맺기가 어려운 것처럼, 영어에서도 이 세 단어를 적절하게 잘 쓰지 못하면 사람들과 관계를 쉽게 맺기는 어렵다. 다른 어떤 말을 청산유수처럼 잘 하더라도 말이다. 그렇기 때문에 아이들이 영어를 배울 때 이 세 단어만큼은 꼭 배우게 하는 것이 중요하다.

무작정 이 단어들을 외우려고 하기보다는 다양한 상황 속에서 이런 말을 습관화하자. 예를 들어, 'Thank you' 단어를 외우는 것보다 감사를 표현해야 할 때 제대로 표현하는 방법을 알아야 한다. 감사는 자연스럽게 나오는 게 아니라 배워 나가야 하는 것이다. 가게에 들어갈 때 앞 사람이 문을 열어 주는 상황에서 그냥 지나치는 것이 아니라 감사하다고 인사하는 것, 혹은 누군가에게 선

OO에게
멋진 카메라 정말 고마워!
얼른 다음 주 금요일에 보고 싶다!
사랑을 담아 제시 xx

Dear "선물을 준 사람"

Thank you so much for "선물"!

(선물을 꾸밀 수 있는 유용한 형용사들: awesome, fantastic, amazing, beautiful, lovely 등)

Can't wait to see you "다음에 만날 날"!

Lots of love

"이름" xx (xx는 뽀뽀/키스를 뜻해요. o는 포옹을 뜻해서 xo, xoxo라고 쓰기도 하죠.)

물을 받았을 때 감사를 전하는 것 모두 영국 아이들의 가정 교육에서 매우 중요한 부분이다.

우리 아이들도 생일 선물이나 크리스마스 선물을 받으면 누구에게 선물을 받았는지 목록을 다 적는다. 그리고 선물을 준 모든 사람들에게 각각 감사 카드를 쓴다. 아이들에게 어릴 적부터 감사 카드 적는 것을 연습할 수 있도록 도와주면 어떨까? 감사하는 자세도 배우면서 좋은 영어 공부도 될 것이다. 막내 아이 제시의 감사 카드를 예시로 보여드리니 참고할 수 있다.

밥상머리 영어

영어에는 우리말처럼 복잡한 존댓말과 반말의 개념은 없다. 하지만 영어를 사용할 때도 그 나름대로 에티켓이 있으며 그것을 지키는 것이 의사소통에서 매우 중요하다. 예를 들어 식사를 하면서 딸기잼이 필요할 때 영국에서는 "Could I have some strawberry jam?"이라고 돌려서 말한다. 직접적으로 "I want strawberry jam." 혹은 "Give me strawberry jam."이라고 말하면 무례하게 들릴 수 있다. 이는 간단한 예시이지만 아주 중요한 영어 에티켓 중 하나이다.

우리가 일상적으로 많이 쓰는 “Thank you.” 같은 고마움의 표현에 적절하게 반응하는 것도 중요하다. 간단하게 “No worries.”, “No problem.”이라고 답할 수도 있고, “You're welcome.” 또는 “My pleasure.”이라고 대답할 수도 있다. 고맙다는 말에 아무 말 없이 손사레만 친다면 무례하다는 인상을 줄 수 있다. 우리가 또 자주 쓰는 “Sorry.” 같은 미안함의 표현에 대해서도 마찬가지이다. “It's okay.”, “It's fine.”, “No problem.” 등의 표현으로 응답할 수 있다.

이렇듯, 영어 교육에 대해 이야기하기 전에 우리가 중요하게 배워야 하는 것이 이러한 영어의 에티켓이다. 영어의 다양성과는 또 다른 주제이다. 로마에 가면 로마 법을 따르라고 했듯이 각 언어와 문화가 가진 예절을 배울 필요가 있다. 언어의 매너를 잘 알고 상황에 맞게 쓰는 것이 어려운 어휘와 표현을 많이 익히는 것보다 더 중요할 수 있다.

일부러 가상의 상황을 만들기보다 밥 먹을 때처럼 자연스럽게 밥상머리 영어를 아이들과 해 보는 게 좋은 방법이라고 생각한다. 밥상머리뿐 아니라, 여러 쉬운 일상에 대해 아이들과 영어로 소통해 보는 것이 중요하다. 엄마 아빠도 아이와 함께 ‘이런 상황에서는 영어로 뭐라고 할까?’라고 생각하며 호기심을 가져 보는 것이다.

이를 위해 실제 상황에서 사람들이 영어로 어떻게 표현하는지 들여다보는 것이 도움이 될 수 있다. 이런 것을 볼 수 있는 곳은 요즘 다양하게 있다. 영화나 드라마, 리얼리티 프로그램, 유튜브 브이로그 등 플랫폼도 콘텐츠도 다양하게 있다. 물론, 각 가족의 상황이 다 다르니 모든 표현을 앵무새처럼 다 따라할 수는 없다. 그렇지만, 보고 배워서 상황에 맞춰 변형할 수는 있다.

TipBox

이 책의 3부에 우리 가족의 실제 대화를 소개해 두었어요. 대화를 예시처럼 잘 활용해 우리 가족만의 영어를 한번 만들어 보세요.

판타스틱한 영어 한 마디

'After you.' 먼저 하세요, 가세요, 타세요라는 표현은 내가 가장 좋아하는 영어 표현이다. 들어오고 나가는 사람들이 문 하나를 두고 마주쳤을 때, 좁은 길을 지나가야 할 때 등의 상황에서 사람들은 이 표현을 사용하면서 상대방이 먼저 지나갈 수 있도록 양보해 준다. 상대방 다음에 내가 하겠다는 의미인 이 표현은, 내가 우선이 아니라 타인을 우선하는 문화를 보여준다.

내가 일하고 있는 옥스퍼드 대학교는 14세기에 지어졌기 때문에 건물 안 계단이 넓지 않다. 이런 학교 계단 위에서 누가 내려온다고 생각해 보자. 우리는 아마 약간 불편을 감수하더라도 내려오는 사람은 계속 내려오고 올라가는 사람은 계속 올라갈 것이다. 하지만 영국에서는 주로 손짓 눈짓과 함께 이 표현을 사용하면서 맞은편의 사람이 먼저 지나가도록 배려해 준다.

사실 우리는 나 먼저, 우리 가족 먼저에 익숙할 때가 많다. 이 때문에 한국에서 문을 열고 지나갈 때 몇 번 당황한 적이 있다. 앞 사람이 문을 잡아 주지 않아서 다칠 뻔한 적도 있다. 영국에서는 반드시 뒤에 따라오는 사람을 배려한다. 100퍼센트 일반화하기는 어렵지만 내가 경험한 영국은 이렇다. 'After you' 같이 간단한 영어 표현들을 잘 살려서 쓰면, 비단 언어뿐 아니라 문화를 배우는 좋은 계기가 되지 않을까 생각한다.

"That's a Good question. 좋은 질문이네요."도 영국에서 자주 들을 수 있는 표현이다. 이 표현은 수업, 세미나 등의 시간뿐 아니라 평소에도 자주 쓰이는데, 미처 생각해 보지 못했던 질문, 허를 찌르는 질문 등을 했을 때 질문을 받은 사람이 쓰는 말이다. 이 말을 통해 그 질문이 꼭 필요했던 질문, 생각해 볼 필요가 있는 문제라는 점을 알려 준다. 대답하기 어려운 질문에 그냥 "음…" 혹은 "잘 모르겠어요."라고 짧게 말하며 대화를 끝내려고 하기보다는 질문한 사람에 대한 예의를 보여 주면서 동시에 질문에 대해 생각해 보는 시간을 가진다. 질문을 주고받는 것을 자연스럽게 생각하는 문화를 보여 주는 표현이라고 생각한다.

“I like your dress/shirt/shoes…! 당신 옷 셔츠/신발이 마음에 드네요!”

원피스나 셔츠, 구두 등 입은 옷이나 액세서리를 칭찬해 주는 표현도 자주 들을 수 있다. 우리는 종종 “살 빠진 것 같다”, “예뻐졌다” 등의 표현으로 인삿말을 대신하기도 한다. 하지만 영국에서 체형이나 피부 등 외모에 대한 평가는 매우 민감한 소재이며 실례가 될 수도 있다. 특히나 우리가 자주 들을 수 있는 피곤해 보인다는 말이나 피부에 뭔가 생겼다는 말, 살이 쪘다거나 빠졌다는 등의 말은 절대 하지 않는다. 대신 옷이나 액세서리에 대해서는 아낌없이 칭찬한다. 길에서 모르는 사람이 지나가면서 칭찬을 던지고 갈 때도 있다. 그런 칭찬을 받았을 땐 웃으며 고맙다고 표현하면 된다.

사람들마다 좋아하는 영어 표현들은 각기 다를 수 있다. 우연히 보고 듣게 된 말들 중에 유난히 마음에 드는 것이 있다면 잘 기억해 두고 써먹어 보자. 영어를 말하는 즐거움이 배가 될 것이다.

끊임없이 입에 붙이면 좋을 영어 표현들

‘구슬이 서말이라도 꿰어야 보배’라고, 어려운 영어 단어들

33,000개를 알든 44,000개를 알든, 그것이 중요한 것이 아니다. 우리에게는 실제 상황에서 입에서 금방 나올 수 있는 말들이 많은 게 중요하다. 특히 칭찬과 긍정의 말들 - Excellent, Amazing, Great, Very good, Nice, Awesome, Fab ulous, Brilliant, Fantastic, Lovely, Splendid - 이런 말들을 입에 잘 붙여 두고 영어 대화에서 자주 사용해 보자. 아이들의 이야기에 이런 긍정적인 말들로 반응해 주는 것은 아이들의 인지 능력 발달에도 도움을 준다.

생각과 감정을 표현하는 말들로 아이들이 본인의 생각과 기분을 표현할 수 있도록 하는 것도 중요하다. 한국어로도 영어로도 이런 어휘를 알고 사용할 수 있는 능력은 아이들의 소셜 스킬 발달에도 도움을 준다.

생각 단어

think 생각해 hope 바라 wish 바라 know 알아 want 원해 dream 꿈 꿔 like 좋아해 prefer 더 좋아해 guess 생각/추측해 wonder 궁금해 care about 신경 써 expect 예상해

감정 단어

happy 행복해 scared 무서워 mad 화가 나 bored 지루해 annoyed 짜

증나 hurtful 속상해 pleased 기분 좋아 frustrated 답답해 interested 관심 있어 puzzled 황당해 shocked 충격적이야 worried that 걱정돼

TipBox

위의 생각 단어들과 감정 단어들은 아이들과 어른들이 모두 쓸 수 있는 유용한 표현들이에요.

책을 소리 내서 읽게 해 주세요

대학교 때 나는 시간만 나면 교보문고 1층 외국책 코너로 향했다. 그곳에서 펭귄 문고 책을 읽으며 영어 공부를 했다. 지금은 어느 도서관이나 서점에 가도 영어 책들이 넘쳐나지만 당시에는 영어 책을 구하는 게 요즘처럼 쉽지 않았다. 나는 책을 읽으면서 모르는 단어가 나와도 바로 사전에서 찾지 않고 끝까지 읽어 내려갔다. 계속 읽다 보면 자연스럽게 뜻을 알게 됐다. 답은 항상 문맥 속에 있기 때문이다.

아이들도 영어로 된 책을 통해 영어 공부를 하는 것이 좋다. 우리말로 이미 줄거리를 아는 책을 영어로 구해서 읽어 보는 것도 좋은 방법이다. 이미 내용을 알기 때문에 읽으면서 모르는 단어의 의미를 추측해 낼 수 있기 때문이다. 모든 문장을 완벽하게 번역하려고 하거나 항상 한국어 뜻을 찾으려고 하지 말고, 영어 책은 영어 식으로 읽고 즐기는 것을 추천한다. 특히 소리 내어 읽는 것은 영어의 감을 찾아내고 영어와 친해지는 데 최고의 방법이다. 영어는 영어의 감으로 읽으면 된다.

아이가 어릴 때는 엄마 아빠가 아이에게 책을 읽어 주는 것이 좋다. 아이가 밤에 잠들기 전에 함께 스토리 타임을 가져 보자. 날마다 규칙적으로 하면 좋다. 책이 매일 바뀔 필요는 없고 읽어 본 책 몇 권을 계속 읽어 줘도 좋다. 발음은 너무 걱정하지 않아도 된다. 정말 모르는 부분은 오디오북을 통해 미리 들어볼 수도 있다. 이 과정을 통해 엄마 아빠도 함께 영어 공부를 할 수 있다.

엄마 아빠가 소리 내어 책을 읽어 주는 것은 여러 장점이 있다. 우선 아이들은 이야기를 들으면서 언어도 배우기 때문에 자연스럽게 책에 쓰인 좋은 어휘와 표현을 다양하게 습득할 수 있다. 책에 적힌 글자를 보고 엄마 아빠의 목소리를 들으면서 문자 언어와 소리 언어의 관계에 대해서도 배우게 된다. 책의 이야기는 영상에 비해서 천천히 전개되고 높은 집중력을 요하기 때문에 아이의 주의력 발달에도 좋은 영향을 미친다. 무엇보다도 아이와 다양한 감정을 교류하고 유대감을 쌓으며 퀄리티 타임을 가질 수 있다. 아이가 책 읽기를 부모와 함께하는 즐거운 경험으로 처음 접할 수 있다는 점이 가장 큰 장점일 것이다.

영국 학생들과 이야기하면 대부분 어릴 적 자기 전에 부모님이 책을 읽어 주시던 기억을 가지고 있다. 특정 책을 부모님이 처음 읽어 주셨을 때의 이야기를 나누고는 하는데, 어른이 되어서도 어린 시절 책 내용을 머릿속으로 상상하면서 당시 느꼈던 기분을 생생하게 기억하고 있다. 그리고 유명한 책들, 예를 들어 『반지의 제왕』 같은 책을 부모님이 읽어 주실 때 각 주인공의 목소리를 어떻게 바꿔서 들려주셨는지도 재미있는 대화 주제이다. 이렇듯 책을 읽어 주는 시간은 영어 공부뿐 아니라 아이들에게 평생 남는 추억이 되기도 한다.

좋은 책을 찾는 방법

아이에게 영어 책을 읽어 주고 싶지만 어떤 책이 좋은지 모를 때가 있을 것이다. 그럴 때는 전문가들이 선정한 추천 도서 리스트를 참고하는 것도 도움이 된다.

예를 들어 영국 최대의 어린이 독서 자선 단체인 북트러스트BookTrust는 매년 아이들 연령별로 추천 도서 100개 리스트를 제공한다. 2021년에는 지난 100년 동안 최고의 책 100권을 추천하기도 했다. 그뿐 아니라 북트러스트 웹사이트에서는 주제별 추천 도서나 매달 새로 나온 책에 대한 정보도 얻을 수 있다.https://www.booktrust.org.uk/books-and-reading/our-recommendations/great-books-guide/

다양한 곳에서 추천하는 책 리스트가 많지만, 그렇다고 해서 아

100권의 책을 추천하는 BookTrust 2022년도 가이드북

이들에게 그 모든 책을 무조건 다 읽히려는 것은 오히려 흥미를 잃게 만들 수 있다. 추천 목록의 도움은 받을 수 있지만, 목록에 없는 책 중에서도 좋은 책이 많고 목록에 있는 책도 각 아이들의 성향과는 맞지 않을 수 있다는 점을 항상 인지할 필요가 있다. 사실 아이들에게 제일 좋은 책은 아이들이 좋아하는 책이다. 도서관이나 서점에서 아이가 직접 읽고 싶은 책을 고르는 게 좋다. 재미있고 쉬운 책, 가능하면 너무 두껍지 않은 책을 골라서 엄마 아빠도 배운다는 느낌으로 같이 읽어 보자.

아이의 영어 이해 단계에 맞는 책을 고르기 위해서는 렉사일Lexile 지수, ATOS 도서 레벨, 옥스퍼드 레벨 등 다양한 기준이 있으니 상황에 맞게 참고할 수 있다.

렉사일 지수는 교육 연구 기관인 메타메트릭MetaMetrics에서 개발한 체계로, 책의 텍스트가 이해하기 얼마나 어렵고 복잡한지를 측정하고 아이의 이해도를 측정하는 기준이다. 0L이하부터 2000L이상까지 있으며 숫자가 높을수록 어려운 텍스트라는 것을 뜻한다. 예를 들어 해리포터 첫권은 880L이라고 한다. 이 기관에서는 아이의 렉사일 지수에서 -100~+50 정도의 책을 읽히는 것을 권하고 있다. 아이의 렉사일 지수가 500L이면 400L에서 550L 정도의 책이 적당하다는 것이다.

하지만 아이가 어려운 걸 도전하는 걸 좋아하는 성향인지 혹은 힘들어하는 성향인지, 아이 성격에 따라 적절하게 레벨 조절을 하는 것이 좋다고 말한다. 모르는 것도 쉽게 넘기는 아이라면 조금 더 높은 지수의 책을, 아는 것을 확실하게 이해하는 것을 좋아하는 아이라면 조금 더 낮은 지수의 책을 추천하는 것이다.

렉사일 지수를 대할 때 중요한 점은 500L의 아이가 500L의 책을 100퍼센트 이해한다고 생각하면 안 된다는 것이다. 메타메트릭 기관에서는 75퍼센트 정도의 이해도를 기준으로 삼고 있다. 아이에게 책을 추천할 때 이 점을 참고할 필요가 있다. 렉사일 지수는 공식적인 기관에서 테스트를 받을 수도 있지만, 아이가 편하게 읽는 책들의 렉사일 지수를 보고 대략적으로 유추해 볼 수 있다.

또 한 가지 생각할 부분은, 렉사일 지수 자체는 글이 얼마나 복잡한지 양적으로만 측정해 놓은 것이기 때문에 아이마다 나이나 관심사 등에 맞지 않을 수도 있다는 것이다. 그럴 때에는 공식 사이트에서 제공하는 도서 찾기 서비스를 이용하면 학년이나 렉사일 지수 이외에도 관심사에 맞는 책을 검색할 수 있다. https://hub.lexile.com/find-a-book/search 관심사에는 동물, 예술, 문학, 취미, 과학 등의 다양한 카테고리와 그에 속한 하위 분야도 있으니 이용해 볼 만하다. 간혹 렉사일 지수 옆에 적혀 있는 코드는 다음의 표를 참고해 해석할 수 있다.

AD	Adult Directed	어른 지도가 필요한 책. 아이 혼자서 읽기보다는 어른이 아이에게 소리 내어 읽어 주는 것이 좋음.
NC	Non -Conforming	읽기 이해도는 높지만 아직 나이가 어려서 나이에 맞는 적절한 콘텐츠가 필요한 아이들을 위한 책.
HL	High-Low	나이에 비해 읽기 이해도가 낮은 아이들에게 좋은 덜 복잡한 책.
IG	Illustrated Guide	보통 참고용으로 읽는 논픽션 도서.
GN	Graphic Novel	그래픽 소설 또는 만화책.
BR	Beginning Reader	렉사일 지수가 0L 이하인 어린 아이들에게 적합한 입문자용 책 .
NP	Non-Prose	시, 희곡, 노래, 레시피 등 산문으로 되지 않은 책.

ATOS 도서 레벨은 교육 기술 기업 르네상스 러닝에서 개발한 독서 프로그램인 Accelerated Reader AR에서 제시하는 도서 기준이다. 텍스트 속의 문장 길이나 어휘 난이도를 종합해 도서를 미국 학년에 맞게 0에서 12까지 숫자로 정리해 놓았다.

예를 들어 해리포터 첫권은 ATOS 도서 레벨 Book Level로 5.5라는 것을 찾을 수 있는데, 이는 5학년 5개월인 아이에게 적합한 책이라는 의미이다. 책의 내용적인 수준을 표현한 Interest level은 LG Lower Grades; 유치원-3학년, MG Middle Grades; 4~8학년, UG Upper Grades; 9~12학년 세 단계로 크게 나뉘어 있다. LG는 만 5~9세 정도, MG

는 만 9~14세 정도, UG는 만 14~18세 정도에 해당한다. 책에 대한 정보를 사이트에서 쉽게 찾아볼 수 있다. https://www.arbookfind.com/default.aspx

이 숫자를 볼 때 중요한 점은 이것이 미국 학년 기준이라는 점이다. 아무리 나이대가 비슷하다고 하더라도 미국과 한국 가정, 학교에서 배우는 내용에는 차이가 있기 때문에 익숙하지 않은 소재나 주제에 대한 책일 수 있다. 또한 영어가 일상 언어인 아이들과 읽는 책의 수준이 같기를 바라는 것은 무리가 있다. 이 숫자들은 언제까지나 책을 추천 받기 위해 필요한 참고용 정보임을 잊어서는 안 된다.

옥스퍼드 대학 출판부에서 개발한 옥스퍼드 리딩 트리 Oxford Reading Tree 시리즈의 어린이책을 찾아보는 것도 도움이 된다. 영유아부터 영국 6학년까지, 즉 만 11세 정도까지의 아이들을 위한 800권의 책이 있는 시리즈이다. 책의 옆면이나 뒷면에 색깔 띠가 있어서 책이 어떤 밴드book band에 속해 있는지 쉽게 확인할 수 있다. 연보라, 분홍, 빨강, 노랑, 하늘, 초록 등의 순서로 점점 어려워진다.

이처럼 영어 책에 대한 정보를 손쉽게 얻을 수 있는 세상이지만, 그렇다고 해서 아이에게 너무 많은 책을 읽히려고 절대 무리

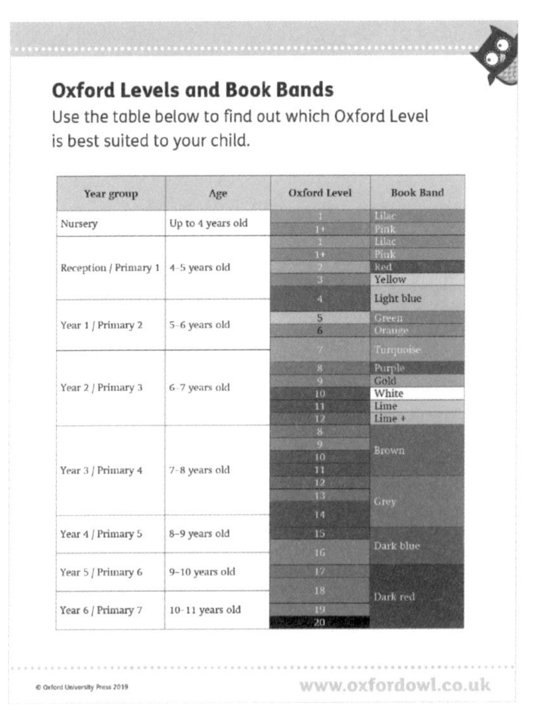

Oxford Levels and Book Bands

Use the table below to find out which Oxford Level is best suited to your child.

Year group	Age	Oxford Level	Book Band
Nursery	Up to 4 years old	1	Lilac
		1+	Pink
Reception / Primary 1	4-5 years old	1	Lilac
		1+	Pink
		2	Red
		3	Yellow
		4	Light blue
Year 1 / Primary 2	5-6 years old	5	Green
		6	Orange
		7	Turquoise
Year 2 / Primary 3	6-7 years old	8	Purple
		9	Gold
		10	White
		11	Lime
		12	Lime +
Year 3 / Primary 4	7-8 years old	8	Brown
		9	
		10	
		11	
		12	Grey
		13	
		14	
Year 4 / Primary 5	8–9 years old	15	Dark blue
		16	
Year 5 / Primary 6	9–10 years old	17	Dark red
		18	
Year 6 / Primary 7	10-11 years old	19	
		20	

© Oxford University Press 2019

www.oxfordowl.co.uk

Oxford Reading Tree 시리즈의 Book Bands 색깔

하지 말자. 양에 집중하지 않아도 된다. 또한 어려운 책을 무조건 읽게 만드는 것도 좋지 않다. 한 권의 책을 읽더라도 아이들의 마음에 하나의 여운이 남는 것이 더 중요하다. 아이와 책을 읽으면서 충분히 소통하고, 또 읽은 후에 함께 책에 대해 이야기를 나눠보자. 그리고 감상을 간단히 글로 쓰거나 그림으로 그리게 하자.

책으로 읽은 지식이나 감상이 아이들에게 남기 위해서는 결

국 표현하는 과정이 중요하다. 우리 아이들에게도 어릴 때 책을 읽으면 항상 그림을 그리게 했다. 아이들은 글보다는 그림으로 잘 표현하기 때문이다. 빨리 많은 책을 읽으려고 애쓸 필요는 없다. 속도는 문제가 되지 않는다. 천천히 여유 있게, 아이들과 함께 책 속의 세상을 탐험해 보고 책 읽는 즐거움을 나눠 보자.

TipBox

책을 읽은 후 우리말과 섞어 말해도 괜찮으니 아이와 대화해 보는 것은 어떨까요? 생각과 느낀점 등 다양한 주제를 질문해 아이가 상상력을 펼쳐 나갈 수 있도록 격려해 주세요.

스펠링을 재미있게 익히려면?

아이들이 영어를 즐겁게 배우다 보면 언젠가 읽기, 쓰기와 함께 스펠링을 공부해야 하는 나이가 될 것이다. 이때 스펠링을 무작정 많이, 빠르게 외우려고 하다 보면 영어를 지루해하거나 두려워할 수 있다. 그렇기 때문에 아이들이 즐겁게 놀면서 스펠링을 익힐 수 있는 방법을 추천한다. 그런 의미에서 영국 아이들이 많이 하는 두 가지 게임을 소개해 보려고 한다.

우리 아이들이 좋아하는 단어 게임은 행맨Hangman이다. 이와 유사한 단어 놀이가 1894년도 책에 기록되어 있다고 하니, 정확한 기원은 알 수 없지만 매우 오래 전부터 전해 내려오는 놀이임을 알 수 있다.

행맨이라는 단어는 교수형을 집행하는 사람이라는 뜻으로, 게임이 시작되기 전에 칠판이나 종이에 ㄱ자로 교수대를 그려 놓는다. 그리고 A부터 Z까지의 알파벳 26자도 적어 둔다. 그후 문제 출제자는 생각하는 영어 단어의 글자 수만큼 밑줄을 긋는다.

예를 들어 'apple'을 생각했다면 '_ _ _ _ _' 이렇게 밑줄 5개를 그려 놓으면 된다. 문제를 맞히는 아이들은 빈칸에 들어갈 알파벳을 하나씩 부르는데, 앞의 경우에 'p'를 말했다면 '_ p p _ _'가 된다. 단어에 포함되지 않는 알파벳을 말할 때마다 교수대에 머리, 몸, 팔, 다리 등을 하나씩 그리고, 사람 그림이 완성되기 전에 출제된 단어가 무엇인지 알아내는 것이 게임의 규칙이다. 역할을 바꿔서 문제를 내기도 하고 맞추기도 하면서 단어 철자를 재미있게 익힐 수 있다.

최근에는 워들Wordle이라는 게임도 인기가 많다. 2021년 웨일즈의 한 소프트웨어 엔지니어가 개발한 단어 게임인데, 간단하지만 중독성 있어서 전세계적으로 수백만 명이 게임을 공유하며 바이럴이 되기도 했다. 규칙은 간단하지만 행맨보다는 조금 더 어려

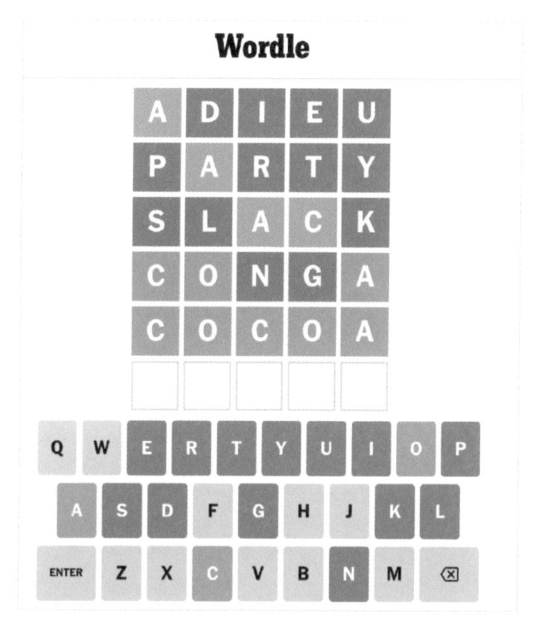

cocoa가 정답인 경우의 wordle 게임 화면 예시

울 수 있는 게임이다.

게임의 기본 틀은 알파벳 다섯 개로 이루어진 영어 단어를 맞히는 것이다. 우선 아무 정보 없이 단어 하나를 한 칸당 한 글자씩 입력한다. 그럼 각 칸이 초록색, 노란색, 회색 중 하나로 바뀔 것이다. 초록색은 알맞은 글자가 알맞은 자리에 있다는 것을, 노란색은 자리는 맞지 않지만 다른 어딘가에 그 알파벳이 있다는 것을, 회색은 그 알파벳이 어디에도 포함되지 않는다는 것을 뜻

한다.

이렇게 세 가지 색깔로 제공되는 힌트를 바탕으로 6번의 기회 내에 단어를 맞춰야 한다. 시도할 때마다 아무 글자를 써 내는 것이 아니라 실제로 존재하는 단어를 써야 하기 때문에 자연스럽게 단어와 스펠링에 대해 생각해 볼 수 있다는 장점이 있다. 이 게임을 인수한 뉴욕타임즈의 웹사이트에서는 하루에 한 번 모두가 같은 단어로 게임을 할 기회를 주는데, 날마다 하나씩 게임을 해 보는 것도 좋은 방법일 것 같다. https://www.nytimes.com/games/wordle/index.html

TipBox

아이가 선생님이 되도록 해 보세요. 엄마 아빠가 아이가 알 법한 영어 단어의 스펠링을 일부러 섞어 놓거나 틀리게 적어 놓고 아이에게 도움을 요청해 보세요. 아이가 기분 좋게 알려줄 거예요.

아이들의 글쓰기를 어떻게 도와주면 될까요?

아이들의 글읽기와 글쓰기를 도와주기 위해 노트를 하나 마련해 보자. 그리고 아이가 자신이 읽은 것에 대해 그림을 그리거나 글을 쓰도록 해 보자. 아이가 자발적으로, 재미있게, 꾸준히 할 수 있도록 도와주는 것이 중요하다.

리딩 노트를 위해 책 한 권을 무리해서 다 읽거나 많은 책을 읽으려고 애쓸 필요는 없다. 몇 페이지를 읽더라도 꾸준히 읽게 하는 것이 중요하다. 가장 핵심은, 항상 아이들이 읽은 것에 대해 표현해 볼 수 있는 기회를 주는 것이다. 그렇기 때문에 글만 중요한 게 아니라 그림으로 표현하는 것도 좋다. 어린 아이들에게는 글보다 그림이 더 좋을 수도 있다.

아이들이 그냥 책을 읽고 아무거나 쓰는 것이 아니라 상상력을 발동할 수 있도록 읽은 책에 대해 서로 이야기하는 시간을 짧게 5분이라도 갖는 것을 추천한다. 아이들이 스스로 이해한 것이 표현으로 이어질 수 있도록 도와주는 것이다. 그런 생각이 토막토막 모여 짧은 글이 되고, 나중에는 긴 글로 이어지기도 한다.

리딩 노트를 쓰는 것은 우리 아이들의 학교 숙제이기도 했다. 그리고 아이들의 리딩 노트에 엄마나 아빠가 코멘트를 하나씩 달아 주는 것도 숙제의 일부였다. 코멘트는 다양한 관점에서 남겨줄 수 있다. 아이의 생각에 공감해 줄 수도 있고, 혹은 아이와 다른 의견을 낼 수도 있다. 아이에게 칭찬을 할 수도 있고 아이의 생각에 질문을 남길 수도 있다.

하지만 코멘트가 아이를 평가하기 위해 필요한 것은 아니다. 아이의 글쓰기에서 단어 철자나 문법 등 틀린 것을 찾아내려고 빨간펜을 들지는 말자. 아이들의 첫 글쓰기가 지적 받는 경험이 아니라 엄마 아빠와 소통하는 경험이 되도록 도와줘야 한다.

나는 우리 아이들이 어릴 적부터 써 온 글을 모두 보관하고 있다.

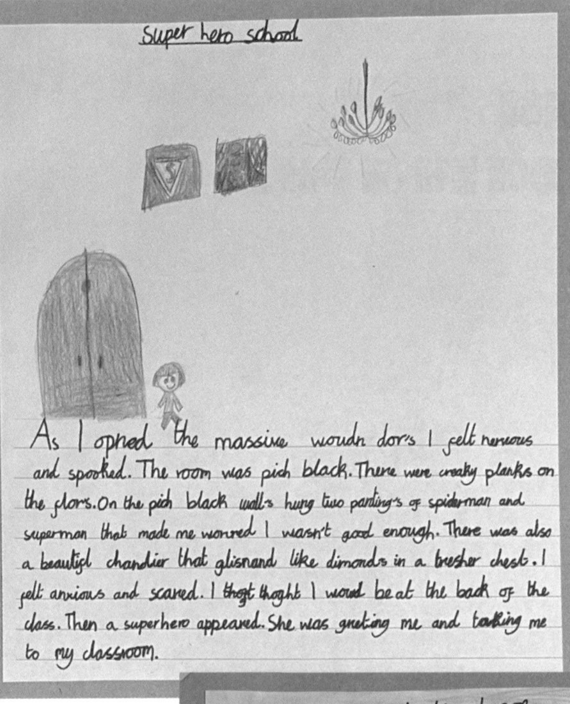

Super hero school

As I opned the massive woudn dor's I felt nervous and spooked. The room was pich black. There were creaky planks on the flors. On the pich black wall's hung two panting's of spiderman and superman that made me worred I wasn't good enough. There was also a beautifl chandier that glisnand like dimonds in a tresher chest. I felt anxious and scared. I ~~thogt~~ thoght I woud be at the back of the class. Then a superhero appeared. She was greting me and talking me to my classroom.

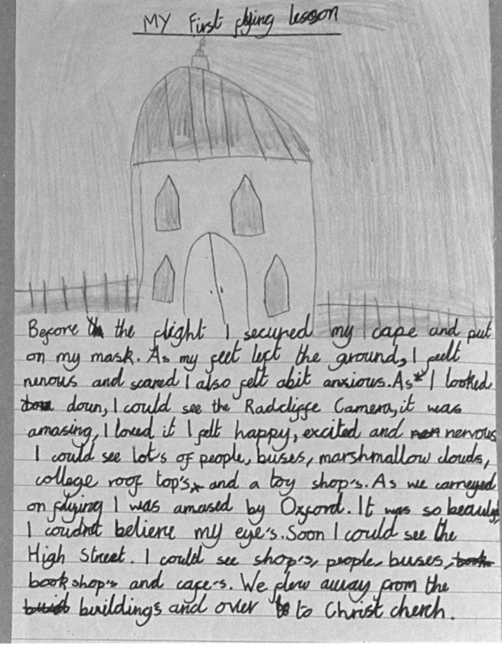

MY First flying lesson

Before ~~th~~ the flight I secured my cape and put on my mask. As my feet left the ground, I felt nervous and scared I also felt abit anxious. As* I looked ~~dow~~ down, I could see the Radcliffe Camera, it was amasing, I loved it I felt happy, excited and ~~ner~~ nervous. I could see lot's of people, buses, marshmallow clouds, college roof top's,* and a toy shop's. As we carreyed on flying I was amased by Oxford. It was so beauti I couldnt believe my eye's. Soon I could see the High Street. I could see shop's, people, buses, ~~book~~ book shop's and cafe's. We flew away from the ~~buil~~ buildings and over ~~to~~ to Christ church.

사라가 직접 쓴 글들

놀이를 통해 영어가 몸에 붙게 해 주세요

영어는 결국 사람들과 소통하기 위해 필요한 것이다. 그렇기에 귀로 듣고, 입으로 말하고, 온몸으로 익혀야 한다. 영어를 책상 앞에서 머리로만 공부해서 쓰는 것에는 한계가 있다. 요즘 학계의 트렌드 역시 체화 학습embodied learning의 중요성에 대해 많이 이야기한다. 아이들은 영어 교재, 책, 영상을 보고 듣는 것에서 끝내는 것이 아니라 결국은 책상 밖으로 나가야 한다.

아이가 놀이를 통해 온몸을 사용해서 영어를 배울 수 있도록 하자. 몸을 사용해서 언어를 배우면 기억력과 이해력을 강화하는

데 도움이 된다. 몸을 움직이면 우리의 감각이 활성화되기 때문이다. 엄마, 아빠도 아이와 함께 놀이를 하며 영어를 즐겨 보는 것이 어떨까? 놀이를 통해 언어를 만나면 아이가 영어를 대할 때 잘하고 못하고를 생각하기보다 언어로써 자연스럽게 사용할 수 있을 것이다.

어휘를 배우기 좋은 놀이로는 단어 플래시카드를 활용하는 게임들이 있다. 문제 출제자 뒤에서 단어가 적힌 플래시카드를 보여주면 맞히는 사람이 단어를 설명하는 것이다. 정해진 시간 내에 최대한 많은 문제를 맞히는 것이 게임의 목표이다. 플래시카드에 적힌 단어의 언어나 설명할 때 쓰는 언어는 각 상황에 맞게 바꿀 수 있다. 혹은 말을 하지 않고 몸짓 손짓으로 연기하면서 설명하는 방법도 있다. 스케치북에 직접 단어를 써서 게임을 할 수도 있지만 이 게임을 손쉽게 할 수 있도록 만들어 놓은 게임 앱들도 다양하게 있다.

조금 더 느린 템포로 스무고개처럼 단어를 추측하는 게임으로는 'I spy'가 있다. 문제를 출제하는 사람은 게임을 하는 사람들이 있는 공간에서 눈에 보이는 물건을 생각하고 이렇게 말한다. "I spy with my little eye something beginning with (　　)." 빈칸에 생각한 단어의 첫번째 알파벳을 넣어서 말하면 되는데, 예를 들어 책상, desk를 생각했다면 빈칸에 D를 넣으면 된다. 그럼 나머지 사람들이 D로 시작하는 물건을 추측하는 것이다. "Is it a drawer? Is it a desk?"처럼 바로 단어를 추측할 수도 있지만, 예/아니요 질문을 하면서 가능한 답을 좁혀 나갈 수도 있다. 아무런 준비물이 필요하지 않기 때문에 어디에서나 간편하게 할 수 있는 게임이다. 차를 타고 장거리 여행을 갈 때도 할 수 있는데, 이때는 창문 밖으로 본 것에 대해 문제를 낼 수도 있다. 알파벳을 인지하면서 스펠링을 공부하는 동시에 말하고 듣는 연습도 할 수 있는 게임이다.

아이들과 쉽게 할 수 있는 보드 게임으로는 '뱀과 사다리'라는 뜻의 'Snakes and Ladders'라는 게임이 있다. 우선 1에서 100까지 숫자가 차례로 적힌 10×10로 100개의 칸이 있는 보드와 주사위, 게임을 하는 사람 수만큼의 말이 필요하다. 어린 아이의 경우에는 4×4, 5×5 등 더 적은 칸이 있는 보드를 준비할 수도 있다. 기본적인 규칙은 1에서 시작해 주사위를 던져 나온 눈의 수만큼 앞으로 나가서 100까지 먼저 도착하는 사람이 이기는 것이다. 그런데 도중에 사다리를 만나면 사다리와 이어져 있는 더 큰 숫자로, 즉 위로, 뱀을 만나면 뱀의 끝이 이어진 더 작은 숫자로, 즉 아래로 이동해야 한다. 게임의 이름이 '뱀과 사다리'인 이유이다.

게임을 하면서 자연스럽게 주사위나 보드에 적힌 숫자나 '앞/

뒤/위/아래' 방향, 차례turn, 순위, 이기고 지는 것 등 다양한 표현을 써 볼 수 있다. 기본 규칙이 매우 간단하기 때문에 보드에 다른 규칙을 추가하는 방법도 있다. 이제 막 영어 알파벳이나 단어를 조금씩 알게 된 아이들을 위해서는 각 칸에 알파벳이나 그림, 간단한 단어를 적어 놓은 후 그 칸에 도착하면 퀴즈처럼 물어볼 수 있다. 조금 더 큰 아이들을 위해서는 칸에 간단한 미션이나 질문을 적어 놓는 아이디어도 있다. 보드를 아이들과 같이 만들면서 직접 미션이나 질문을 넣어 보는 것도 아이들의 참여도를 높이는 데 도움이 될 것이다.

Snakes and Ladders 이미지

새로운 언어로 표현하는 것을 적극적으로 독려할 수 있는 놀이들도 있다. 'Story Cubes'라는 게임은 아주 간단하면서도 아이들이나 어른들이나 누구든지 재미있게 할 수 있는 게임이다. 각 면에 간단한 그림이 그려진 주사위가 9개 있는데, 주사위를 던져 나온 그림들을 이용해 차례대로 이야기를 만드는 것이 주된 목적이다. 이야기의 처음은 항상 "Once upon a time 옛날 옛적에"로 시작되며 그 이후의 이야기는 마음껏 만들어 낼 수 있다. 사과 그림이 나왔다고 해서 꼭 이야기에 사과를 포함시킬 필요는 없고, 과일이나 음식, 먹는 행위 등 그림과 관련된 것이면 무엇이든 괜찮다. 상상력을 발휘할 공간이 무한한 것이다. 주사위를 각자 나눠 가진 후 차례로 이야기하는 방식, 주사위를 한 번에 던져서 말하고 싶은 사람이 자유롭게 참여하는 방식, 주사위 세 개를 던져 주인공의 특징을 미리 정해 놓고 시작하는 방식 등 상황에 맞게 진행할 수 있다.

친구들과 함께 짧은 연극을 만들어 보는 것도 아이들에게 재미있는 놀이가 된다. 방과후나 주말에 친구들과 놀 때 해 볼 수 있는 놀이이다. 두세 명의 조를 만들고 30분 정도 시간을 준 후에 돌아가면서 연극을 보여주는 시간을 가지는 것이다. 하지만 절대 거창한 것을 생각해서는 안 된다. 자유로운 주제도 좋지만 물건 하나를 주면서 시작해 보라고 하는 것도 좋다. 예를 들어 어떤 조에는 빈 상자 하나를, 어떤 조에는 축구공 하나를 주는 것이다. 아이들은 그 물건에 둘러 앉아 상상력을 마음껏 발휘해 볼 것이다.

자유 주제가 아니라 영화나 드라마에서 나오는 장면과 대사를 따라하면서 연기해 보는 것도 좋다. 대본을 구해서 할 수도 있고 장면을 보면서 대사나 표정, 제스처 같은 것을 직접 기록하는 방법도 있다. 역할마다 다른 말투, 목소리, 표현, 제스처 같은 것을 따라하고 연기하다 보면 재미있게 영어의 감에 접근할 수 있을 것이다.

아주 간단하게는 집에 있는 닌텐도, 플레이 스테이션 같은 비디오 게임의 언어 설정을 영어로 바꿔서 자연스럽게 접하는 것도 방법이 될 수 있다.

놀이로 영어와 가까워지는 방법을 몇 가지 소개해 봤는데, 이것은 일부일 뿐 각 가정에서 상황에 맞게 시도해 볼 수 있는 방법은 셀 수 없이 많을 것이다. 아이들이 책상 밖으로 나와 온몸으로 즐기며 영어를 접할 수 있는 기회를 만들어 보자.

TipBox

아이와 함께 이북(ebook)을 만들어 보세요. 'Book Creator' 같은 온라인 서비스를 누구나 사용할 수 있어요. 글이나 사진, 그림, 스탬프, 오디오 등을 마음껏 붙여 넣어 다양한 형태로 쉽게 제작할 수 있답니다. 아이와 함께 이야기를 만들면서 소리가 나는 그림책을 만들어 본다거나 가족 사진을 넣어 각 가족을 소개하는 책을 만들어 볼 수도 있어요. 새로 알게 된 단어로 아이만의 그림 사전을 만들어 보거나 그림 일기를 써 볼 수도 있어요.

노래를 많이 활용하세요

나는 중고등학교 때 팝송으로 영어를 배웠다. 요즘 세계적으로 많은 사람들이 케이팝으로 한국어를 배우고 있다. 노래는 언어 표현을 쉽게 익히고 입에 붙게 하는 데 최고의 방법이라고 생각한다. 언어의 리듬, 억양, 멜로디에 주의를 기울이면 발음이 향상되고 학습이 더욱 즐거워진다. 아이들에게 재미있는 영어 노래를 가르쳐 주고 같이 불러 보자. 엄마 아빠와 함께 온가족이 노래 부르는 시간은 아이에게 공부 시간처럼 느끼지 않으면서 영어 표현들이 머릿속에 많이 남을 것이다.

유튜브에 검색하면 귀여운 애니메이션과 함께 가사도 보여 주는 좋은 영상이 많을 것이다. 다음은 내가 추천하고 싶은 영어 노래 몇 가지이다.

[Head, Shoulders, Knees and Toes] - 한국 노래 '머리 어깨 무릎 발'의 영어 버전이다. 손으로 머리, 어깨, 무릎, 발, 눈 등을 직접 짚으면서 신체 부위에 대한 어휘를 익히기에 좋다.

Head, shoulders, knees and toes, knees and toes.
Head, shoulders, knees and toes, knees and toes.
and eyes and ears and mouth and nose.
Head, shoulders, knees and toes, knees and toes.

[Itsy Bitsy Spider] - 한국의 '거미가 줄을 타고 올라갑니다'의 영어 버전이다. 율동과 함께 거미가 올라가고 내려오는 표현, 해가 나오고 비가 내리는 등 날씨에 대해서도 생각해 볼 수 있다.

The itsy bitsy spider
went up the water spout.
Down came the rain,

and washed the spider out.

Out came the sun,

and dried up all the rain.

So, the itsy bitsy spider

went up the spout again.

[Five Little Monkeys] - 다섯 마리 원숭이가 침대에서 뛰다가 한 마리씩 떨어지는 내용의 노래이다. 원숭이 숫자가 점점 줄어드는 것, 엄마 원숭이가 의사에게 전화하고 대화를 하는 장면, 침대에서 뛰면 안 된다는 내용 등 상상을 하면서 연기하며 부르기 좋다.

Five little monkeys jumping on the bed

One fell off and bumped his head

Mama called the doctor and the doctor said

"No more monkeys jumping on the bed!"

Four little monkeys jumping on the bed

One fell off and bumped his head

Mama called the doctor and the doctor said

"No more monkeys jumping on the bed!"

후략

[The Wheels on the Bus] - 아주 익숙한 멜로디의 영어 노래이다. 같은 멜로디가 반복되고 표현도 반복되면서 입에 쉽게 붙는 가사이다. 율동을 함께 하면서 영어의 의태어, 의성어에 친숙해질 수 있다.

The wheels on the bus go round and round

Round and round

Round and round

The wheels on the bus go round and round

All through the town

The doors on the bus go open and shut

Open and shut

Open and shut

The doors on the bus go open and shut

후략

TipBox

아이 수준과 흥미에 맞는 노래 동영상을 골라 엄마나 아빠가 함께해주기만 하면 됩니다. 자연스럽게 여러번 노출하면 아이도 영어 노래를 즐기는 순간이 올 거예요.

한국에 살면서 일상에서 영어를 말할 수 있는 방법은 없을까?

3부는 우리 집에서 아이들이 어릴 때 직접 대화했던 내용을 정리해 보여준다. 대화가 모두 짧고 쉽고 재미있고 편한 것들이다. 이 3장 내용을 샘플 삼아 각자의 가정에서 대화를 만들어 볼 수 있다. 그림과 글씨를 쓸 수 있는 노트를 마련해 '우리집 영어책'을 만들어 보자.

*

법칙 3

표현 영어의 싹

아이와 부모가 함께하는 회화 사례 30

우리 집 영어책을 만들어요

언어학자인 엄마의 눈으로 볼 때, 한국어를 처음 배운 우리 아이들이 영어를 배워 나가는 과정은 매우 흥미로웠다. 아이들은 몇 가지 구조와 단어를 가지고 기본적인 의사 소통을 거리낌없이 해나갔다. 그렇게 작은 토대를 만든 후, 그 틀 위에 좀 더 복잡한 구조들을 얹어서 말을 하기 시작했다.

작은아이가 만 2살 반이 되었을 때, 영어를 말하는 것을 보면 본인에게 꼭 필요한 서너 가지의 구조 덩어리structural chunk와 단어들을 가지고 하고 싶은 말을 모두 구사하는 것을 볼 수 있었다.

이런 구조와 단어들은 우리가 어떤 언어에 대해 자신감을 얻는 데 아주 중요한 역할을 한다.

어린 아이들은 말을 배울 때 놀이를 배우듯이 재미있게 배운다. 아이들의 모국어 습득은 학교에 들어가기 전에 이미 완료된다. 이 아이들이 모국어를 마스터했다고 해서, 어느 순간 갑자기 TV 아나운서 같은 말을 구사하는 것은 아니다. 모국어 습득을 완료했다는 것은, 쉽게 말해 그 나라말에 내재된 문법 습득을 완료했다는 것을 의미한다. 이런 아이들은 알고 있는 단어 수는 별로 많지 않더라도, 지금까지 머릿속에 갖고 있는 단어를 가지고 말을 만들기 시작한다. 자신이 듣지도 보지도 못한, 그러나 모국어 문법에 맞는 언어를 별 어려움 없이 만들어 내며, 조금씩 조금씩 소위 언어 습득의 메커니즘을 마스터한다.

이 과정에서, 아이들이 큰 줄기가 되는 문법을 잘 익혀서 언어에 자신감을 가질 수 있는 것, 그리고 그 언어를 즐길 수 있는 것이 아주 중요하다. 우리는 아이들의 문법 오류에 신경을 곤두세우곤 하지만, 사실 영어를 외국인 같은 악센트 없이 자유자재로 구사하는 아이들일지라도 문법 실수를 한다. 이중 언어 습득 연구 결과를 보면, 특히 한국어나 일본어와 같이 단어에 성, 수, 격이 없는 언어가 모국어인 아이들은 길게는 초등학교 고학년때까지

이와 같은 실수를 줄기차게 한다고 한다.

시간이 지나면서 아이들은 자연스럽게 영어가 자신들의 언어와 다른 체계라는 것을 배우게 되고, 없는 범주의 문법 사항들도 자연스럽게 배워 익히게 된다. 아이들이 큰 줄기 문법에 맛을 들이기도 전에 자잘한 문법 실수들을 강조하여 자신감을 잃게 만드는 것은 결코 바람직하지 않다고 본다.

실제로 우리 큰 아이는 이제 한국어보다 영어를 더 편하게 말하지만, 복수 시제나 명사의 단복수 구분은 지금도 매우 자주 실수하는 부분이다. 이런 실수들만 보고 이 아이가 영어를 못한다고 할 수는 없다.

이 책에서 엄마인 필자는 두 아이가 한국어를 모국어로 습득하면서 영어를 제 2의 모국어로 받아들여 가는 과정을 연구했다. 그 과정에서 아이들이 소위 발판 구조pivot structure로 사용하는 영어 구조들과 단어들 – 그리고 그 구조와 단어들이 나타난 문맥들을 엮어서 3부를 구성했다. 3부에서는 날마다 일어나는 에피소드들을 통해서 실제 상황에서 관찰되는 구조와 단어들을 보여준다. 5살 아이의 눈과 입을 통해 영국 영어의 기본을 볼 수 있을 것이다. 각 에피소드의 끝에 파워 단어Power Words와 발판 구조Pivot structure를 정리해 놓았다. 여러 번 들어 보고, 구조를 익힌 다음,

각자에게 맞는 에피소드를 만들어 볼 수 있다.

엄마나 아빠는 3부에 소개된 구조와 단어를 아이디어 삼아 응용해서 각 가족만의 이야기를 재미있게 만들어 볼 수 있다. 한국어와 영어를 같이 사용하면서 아이가 한국어와 영어를 같이 이해하고 말할 수 있게 도와주자. 각 에피소드를 각자의 상황에 맞게 응용해서 연습하면 엄마, 아빠, 아이들이 다 함께 영어를 즐길 수 있을 것이다.

Sarah's Family
사라네 가족

Hello, I am Sarah.

안녕, 나는 사라라고 해.

This is my family.

여기는 우리 가족이야.

This is my dad. This is my mom. This is my sister.

우리 아빠, 우리 엄마, 그리고 내 동생이야.

My sister is two years old. Her name is Jessie.

내 동생은 두 살이야. 이름은 제시야.

I am five years old.

나는 다섯 살이야.

My dad is tall.

우리 아빠는 키가 커.

I like pink. I am wearing a pink dress.

나는 핑크색을 좋아해. 나는 핑크색 드레스를 입고 있어.

Jessie has a red ball.

제시는 빨간색 공을 가지고 있어.

We like football.

우리는 축구를 좋아해.

Can I have some orange juice, please?

오렌지 주스 마셔도 돼요?

엄마 Girls, shall we have breakfast? 애들아, 아침 먹을까?

엄마 Do you want cereal? 시리얼 줄까?

사라·제시 Yes, please. 네, 주세요.

사라 Daddy, why is your bowl big while mine is small? 아빠, 아빠 그릇은 큰데 왜 내 그릇은 작아?

아빠 It's because daddy is big and you are small. Daddy needs to eat a lot because daddy is big. 아빠는 크고 사라는 작으니까. 아빠는 커서 많이 먹어야 돼.

사라 Can I have some orange juice, please? 오렌지 주스 마셔도 돼요?

엄마 Ok. here it is. 어, 여기 있어.

사라 More please. 더 주세요.

제시 More please. 더 주세요.

엄마 Ok. Say thank you. 사라, 고맙다고 해야지.

사라·제시 Thank you, mommy. 고마워요, 엄마.

아빠 Do you want to have a fried egg, boiled egg or poached egg? 계란 프라이로 먹을래? 아니면 삶은 계란이나 수란으로 먹을래?

사라 A boiled egg, please. I love boiled eggs. 삶은 계란이요. 나는 삶은 계란 진짜 좋아해.

제시 I want two eggs. Mommy, can I eat your egg? 나는 계란 두 개 먹고 싶은데. 엄마, 엄마 계란 내가 먹어도 돼?

엄마 No, Jessie. Mommy has one egg. Daddy has one egg. Sarah has one egg. You can have one egg. 안 돼, 제시야. 엄마도 계란 하나, 아빠도 계란 하나, 사라도 계란 하나, 제시도 계란 하나 먹는 거야.

아빠 Do you want to have white bread or brown bread? 흰색 빵 먹을래 갈색 빵 먹을래?

사라 White bread, please. I really don't like brown bread. 흰색 빵 주세요. 갈색 빵은 진짜 안 좋아해요.

사라 Can you also take the crust off please? 빵 테두리도 떼 줄 수 있

어요?

아빠 You need to eat the crust. It's delicious. 테두리도 먹어야지. 그거 맛있어.

사라 I will do it when I am six years old. I promise. 여섯 살 되면 그렇게 할게. 약속.

아빠 Promise? 약속?

사라 Yes, promise. 응, 약속.

사라 Mommy, can I have some strawberry jam, please? 엄마, 딸기잼 먹어도 돼요?

엄마 Here it is. 여기 있어. Sarah, Do you like strawberry jam? 사라, 딸기잼 좋아해?

사라 I really really love strawberry jam. 응, 딸기잼 진짜 진짜 좋아해.

Pivot Structure & Power Words

아침 식사 시간뿐 아니라 식사 시간에 흔히 쓸 수 있는 표현. 아이에게 먹거나 마시고 싶은 것을 물어보고 아이가 원하는 것을 달라고 표현하는 구조이다.

- Do you want (some) …? ~ 좀 줄까?
- Do you want to have (some) …? ~ 좀 먹을래?

- Can I have (some) …, please? ~ 먹어도 돼요? 먹을 수 있을까요? 주세요.
- …, please. ~ 주세요.
- I like … I love … 나는 ~가 좋아.
- Here it is. 여기 있어.

Mommy 엄마(영국에서는 Mummy, 미국에서는 Mommy 라고 한다) juice 주스 milk 우유 water 물 white bread 흰색 빵 (정제 밀가루를 사용한 하얀 식빵 종류) brown bread 갈색 빵 (통밀을 사용한 갈색 식빵 종류) fried egg 계란프라이 boiled egg 삶은 계란 poached egg 수란

[예시1]

A: Do you want a pancake?

B: Yes, please.

A: Here it is.

B: Thank you. Can I also have some milk, please?

A: Do you want to have soy milk or regular milk?

B: Soy milk, please. I like soy milk.

[예시2]

A: Do you want to have some 김치?

B: Yes, please.

A: Here it is.

B: Thank you. Can I also have juice, please?

A: Do you want apple juice or tomato juice?

B: Tomato juice, please. I love tomatoes!

cereal 시리얼 bread 빵 pancake 팬케이크 jam 잼 egg 계란 rice 밥 soup 국 kimchi 김치 seaweed 김, 미역, 해초 salad 샐러드 fruit 과일 yoghourt 요거트

Girls, It's supper time.

얘들아, 저녁 시간이야.

아빠 Girls. It's supper time. Come on girls. 얘들아, 저녁 식사 시간이야. 다들 얼른 와.

엄마 Wash your hands. 손 씻어라.

사라·제시 Yes mommy. 네, 엄마.

사라 Mommy, mommy 엄마, 엄마

엄마 Sarah, why? 사라 왜?

사라 My t-shirt is wet. 물 때문에 티셔츠가 젖었어.

엄마 Don't worry. Go and change. 괜찮아. 가서 갈아입어.

엄마 Jessie. Come on. Wash your hands, Jessie. 얼른. 제시야, 손 씻어.

제시 Ok, Mommy. 알았어, 엄마.

아빠 Hurry up, everybody. The pasta is getting cold. 다들 서둘러. 파스타 식고 있어.

모두 Ok, Daddy. 알았어요, 아빠.

Pivot Structure & Power Words

식사 시간에 얼른 식탁으로 모이라고 말할 때 유용하게 쓸 수 있다.

- It's … time. ~ 시간이야.
- Come on, … / Hurry up, … 얼른. 서둘러.
- Wash your …. ~ 씻어라.
- … is getting cold. ~ 식고 있어.

[예시1]

A: It's lunch time. Wash your hands.

B: Ok.

A: Come on, everyone. The pizza is getting cold.

[예시2]

A: It's breakfast time. Wash your face.

B: Ok.

B: Hurry up, boys. The soup is getting cold.

It's bedtime.

잘 시간이야.

사라 Mommy, can I watch just one more video? 엄마, 비디오 하나만 더 봐도 돼?

엄마 No, Sarah. It's bedtime. It's already eight o'clock. 안 돼, 사라야. 잘 시간이야. 벌써 8시야.

사라 Just one more please, Mommy. 엄마, 딱 하나만 더요.

아빠 Sarah, you need to go to bed now, otherwise, you will get up late. If you get up late, you will also be late to school. Ms. Meghan will not be happy. 사라야. 지금 자러 가

야 돼. 아니면, 늦게 일어날 거야. 늦게 일어나면 학교에도 지각할 거야. 메간 선생님이 안 좋아하실 거야.

사라 Ok. 알았어.

엄마 Sarah, go and brush your teeth. 사라야, 가서 양치해.

사라 I am tired. 나 피곤해.

엄마 Sarah, Jessie is brushing her teeth. Go and brush your teeth. Brush your teeth with the Snow White toothbrush. 사라야, 제시 양치하고 있네. 가서 양치해. 백설공주 칫솔로 이 닦아.

사라 Ok, Mommy. 네, 엄마.

Pivot Structure & Power Words

아이가 서둘러 주길 바랄 때 쓸 수 있는 표현이다.

- Can I … just one more …? ~ 하나만 더 …도 돼?
- It's … time. ~할 시간이야.

  bedtime 잘 시간 bath time 목욕할 시간 story time 이야기책 볼 시간 snack time 간식 시간 play time 놀 시간 home time 집에 갈 시간
- It's already … 벌써 ~이야.

  8 o'clock, 8 pm, 8 in the evening, 8 at night 저녁/밤 8시야.

  3 o'clock, 3 pm, 3 in the afternoon 오후 3시야.

9 o'clock, 9 am, 9 in the morning 아침 9시야.

• You need to … ~해야 돼.

go to bed 자러 가다 brush your teeth 양치하다 take a bath 목욕하다 change your clothes 옷 갈아입다 get ready 준비하다

• Otherwise, you will … 아니면, ~ 할 거야.

get up late 늦게 일어나다 be late at school 학교에 늦다 catch a cold 감기에 걸리다

[예시1]

A: It's home time.

B: Can I have just one more ride?

A: It's already 5 o'clock. You need to go home and take a bath, otherwise you will catch a cold.

[예시2]

A: It's school time.

B: Can I have just one more egg?

A: It's already 8:30. You need to brush your teeth and change your clothes, otherwise you will be late to school.

I love strawberry ice cream.

나는 딸기 아이스크림이 너무 좋아.

아빠 Do you want to have ice cream, girls? 얘들아, 아이스크림 먹을래?

사라 Yes. 응.

제시 Yeah. 어.

엄마 Girls, yes please. 얘들아 네, 주세요 해야지.

사라·제시 Yes please. 네, 주세요.

아빠 Do you want to have strawberry ice cream or chocolate ice cream? 딸기 아이스크림 먹을래, 초콜릿 아이스크림 먹을래?

사라 Chocolate ice cream. 초콜릿 아이스크림.

엄마 Please. 주세요.

제시 Strawberry ice cream, please. 딸기 아이스크림 주세요.

아빠 Ok. Here you go. 그래, 여기.

제시 Thank you Daddy. I love strawberry ice cream. It's so yummy. 아빠, 고마워. 나는 딸기 아이스크림 진짜 좋아. 너무 너무 맛있어.

Pivot Structure & Power Words

두 가지 이상의 선택지 중 원하는 것을 물어볼 때 사용하는 표현이다.

- Do you want to have … flavour … or … flavour …? ~ 맛 … 먹을래? 아니면 ~ 맛 … 먹을래?

  strawberry 딸기 chocolate 초콜릿 vanilla 바닐라 yogurt 요거트 green tea 녹차 mango 망고 blueberry 블루베리 grape 포도 coconut 코코넛 mint chocolate 민트 초콜릿 cookies and cream 쿠키 앤 크림

  ice cream 아이스크림 lollipop 막대 사탕 candy 사탕 chocolate 초콜릿 cookie 쿠키
- …, please. ~ 주세요.
- Here you go. 여기 있어.

• I love … It's so yummy. ~ 너무 좋아. 너무 맛있어.

[예시1]

A: Do you want to have a grape flavour lollipop or a strawberry flavour lollipop?

B: Grape, please.

A: Here you go.

B: I love lollipops. They're so yummy.

[예시2]

A: Do you want to have white chocolate or milk chocolate?

B: Milk chocolate, please.

A: Here you go.

B: I love milk chocolate. It's so yummy.

Please go to the thinking chair.

생각하는 의자에 가 있어라.

엄마 Jessie, sit down and eat your toast. 제시, 자리에 앉아서 토스트 먹어.

제시 No. I want to play! I don't like toast! 싫어. 놀고 싶어! 토스트 싫어!

엄마 Don't play with your food. 음식 가지고 장난치지 마.

사라 Mommy, Jessie is eating my egg. 엄마, 제시가 내 계란 먹어.

제시 It's mine. 이거 내 거야.

사라 Jessie, stop it. It's mine. 제시, 그만해. 이거 내 거야.

아빠 Jessie, do you want to go to the thinking chair? 제시야, 생각하는 의자에 가고 싶어?

제시 No. I want to play! This is my egg. 아니. 나 놀고 싶어! 이거 내 계란이야.

아빠 Please go to the thinking chair*. 생각하는 의자에 가 있어라.

(Jessie sits in the thinking chair for 3 minutes.) (제시는 3분 동안 생각하는 의자에 있었다.)

아빠 Are you sorry? 미안해?

제시 Yes, daddy sorry. Sorry Sarah. 응, 아빠 미안해. 미안, 언니.

아빠 Sweetheart Jessie, I love you 귀염둥이 제시 아빠도 제시 사랑해.

제시 I love you. 나도 아빠 사랑해.

Pivot Structure & Power Words

떼 쓰는 아이를 지도할 때 이렇게 말해 보자.

- Don't play with your … ~ 가지고 장난치지 마.

  food 음식 spoon 숟가락 chopsticks 젓가락 fork 포크 knife 나이프 book 책 toy 장난감

- Do you want to go to …? ~ 에 가고 싶어?
- Please go to … ~ 에 가거라.

  a thinking chair 생각하는 의자 your room 네 방 living room 거실 bedroom 침실 kitchen 부엌

* thinking chair 는 우리말로 생각하는 의자이다. 우리 아이들은 말을 듣지 않으면, 그 의자에 잠시 앉아 있다가 와서 미안하다고 사과하게 한 후 안아 준다.

[예시]

A: Stop it. Don't play with your spoon. Do you want to go to your room?

B: No. I want to play. I don't want to eat.

A: Please go to your room.

B: I'm sorry.

We love our bath time.

우리는 목욕하는 시간이 너무 좋아.

엄마 Sarah, Jessie! It's bath time. 사라야, 제시야! 목욕할 시간이다!

사라 Can I wear a swimming suit? 수영복 입어도 돼요?

제시 Can I wear a swimming suit? 수영복 입어도 돼요?

엄마 I am sorry, girls. I don't know where they are, but I have a present for you. 미안, 얘들아. 수영복은 어디있는지 모르겠네. 그런데 너네한테 줄 선물이 있어.

사라 What present? 무슨 선물?

엄마 I have a special shampoo. I can make a princess crown

for you. 특별한 샴푸가 있지. 엄마가 너네한테 공주 왕관 만들어 줄 수 있어.

사라·제시 Hurrah! Me first! Me first! 우와! 나 먼저 할래! 나 먼저!

엄마 Wait girls. You are Princess Sarah and you are Princess Jessie. 기다려 봐, 얘들아. 사라 공주랑 제시 공주 여기 있네.

사라 We love our bath time. 우리는 목욕하는 시간이 너무 좋아.

Pivot Structure & Power Words

아이들에게 줄 선물이 있을 때 이렇게 표현할 수 있다.

- I have a present for you. 너/너네한테 줄 선물이 있어.
- What present? 무슨 선물?
- I have … I can … for you. ~가 있어. 너/너네한테 ~해 줄 수 있어.

storybook 이야기책 bubble wand 비눗방울 robot 로봇 dinosaur 공룡

stuffed animal 동물 솜인형 baby doll 아기 인형

[예시]

A: I have a present for you.

B: What present?

A: I have a new storybook. I can read it for you.

Hide and seek

숨바꼭질 할 때

사라 Mommy, can we play hide and seek? 엄마, 숨바꼭질 해도 돼요?

엄마 Ok. You count, and Jessie and I will hide. 그래. 네가 세면 엄마랑 제시가 숨을게.

After counting 10 (10까지 센 후에)

사라 Where are you, Mommy? Ready or not, here I come. 엄마, 어디 있어? 준비 됐든 아니든, 찾으러 간다.

사라 Here you are Jessie. I got you. You were under the bed! It's so easy. 제시는 여기 있네. 찾았다. 침대 밑에 있네! 너무 쉽지.

사라 Where is Mommy? I cannot find you. 엄마는 어디 있어? 못 찾겠어.

엄마 Here I am. Can you hear me? 여기 있어. 엄마 목소리 들려?

사라 Don't move. I will come. 움직이면 안 돼. 내가 갈 거야.

사라 I got you mommy. You were under Daddy's desk! 엄마 찾았다. 아빠 책상 밑에 있네!

Pivot Structure & Power Words

숨바꼭질 hide and seek을 하면서 쓸 수 있는 표현이다.

- … count and … will hide. ~가 세면 ~가 숨을 거야.
- Where are you, …? ~ 어디 있어?
- Here you are. I got you. You are under … 여기 있네. 찾았다. ~에 있구나.

  under the bed 침대 밑 under the desk 책상 밑 under the dining table 식탁 밑

  behind the curtain 커튼 뒤 behind the door 문 뒤
- Where is …? I cannot find … ~ 어디 있어? ~ 못 찾겠어.
- Here I am. Can you hear me?

[예시]

A: Let's play hide and seek!

B: Ok. You count, and mommy and I will hide.

A: 1, 2, 3, …, 10! Where are you, mommy, daddy? Ready or not, here I come! Here you are. I got you. You are under the dining table! Where is daddy? I cannot find daddy.

B: Here I am. Can you hear me?

I want pasta.

나는 파스타 먹을래

엄마 We have nothing in the fridge. 냉장고에 먹을 게 하나도 없네.

아빠 Shall we go out? 나가서 먹을까?

엄마 Good idea. Sarah, what do you want to eat? Do you want to eat pizza or do you want to eat fish and chips? Or do you want to eat··· 좋지. 사라야, 뭐 먹고 싶어? 피자 먹고 싶어? 아니면 피시앤칩스 먹고 싶어? 아니면···

제시 Chocolate. Chocolate. 초콜릿. 초콜릿.

사라 No, we need to eat proper food.

I want to eat pizza. It is my favorite. 안 돼, 우리 제대로된 음식 먹어야 돼. 나는 피자 먹고 싶어. 피자가 제일 좋아.

아빠 Ok. Then, what about going to a pizza restaurant? 그래. 그럼, 피자집에 가 볼까?

In the restaurant (식당에서)

사라 Yeah. Daddy, Mommy, pizza is my favorite.
I love pizza the most. 이거지. 엄마, 아빠. 나는 피자가 제일 좋아.

제시 I want pasta. 나는 파스타 먹을래.

엄마 I want pizza, too. 나도 피자 먹을래.

아빠 I will have spaghetti bolognese. 나는 볼로녜제 스파게티 먹을게.

사라 So we need two pizzas and two pasta dishes. 그럼 우리 피자 두 판이랑 파스타 두 접시 필요하네.

아빠 You are right. That's great. 맞았어. 대단하네.

After pizza being served 피자가 나온 후

사라 Daddy, I don't like mushroom.
Can you please have my mushrooms? 아빠, 나는 버섯 싫은데, 아빠가 가져가면 안 돼요?

제시 I don't like pineapple. 나는 파인애플 싫어.

아빠 Girls, you need to eat mushroom, pineapples, and all the vegetables to become strong.

Do you want to become strong like daddy? 얘들아, 너네 버섯하고 파인애플하고 다른 야채들도 다 먹어야 튼튼해질 수 있어. 아빠처럼 튼튼해지고 싶어?

사라·제시 Yes. 응.

아빠 Then, you need to eat them. Ok? 그럼, 그거 먹어야 돼. 알았지?

사라·제시 Ok. 알았어요.

Pivot Structure

식당에서 쓸 수 있는 표현들로 먹고 싶은 것, 먹기 싫은 것에 대해 이야기해 보자.

- I want to eat … It's my favorite. ~ 먹고 싶어. 내가 제일 좋아하는 거야.
- … is my favorite. I love … most. ~가 제일 좋아.
- I want … ~ 할래/먹을래.
- I'll have … ~ 먹을래.
- I don't like … Can you please have my …? 나는 ~가 싫어. 내 ~ 가져가 줄 수 있어?

  mushroom 버섯 pineapple 파인애플 broccoli 브로콜리 carrot 당근 onion 양파 spring onion, green onion 파 cucumber 오이 pepper 피망 chilli 고추 peas 완두콩 aubergine, eggplant 가지
- Do you want to become … like …? Then, you need to … OK? ~처

럼 ~해지고 싶어? 그럼 ~ 해야 돼. 알았지?

strong 튼튼하다 healthy 건강하다

[예시]

A: I want to eat egg fried rice. It's my favorite.

B: I'll have 짜장면. I love 짜장면 the most.

A: I don't like broccoli. Can you please have my broccoli?

B: I don't like peas.

C: Do you want to become healthy like mommy and daddy? Then, you need to eat them. Ok?

A&B: Ok.

Spider on the Wall

벽 위의 거미

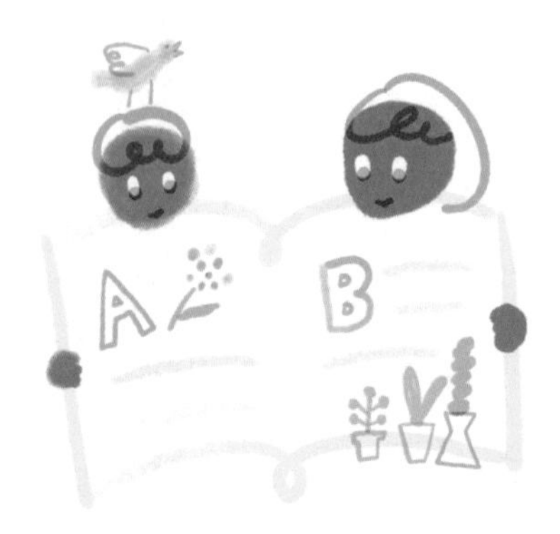

사라 Daddy, Daddy, Daddy! 아빠, 아빠, 아빠!

아빠 Yes, Sarah. What happened? 응, 사라야. 무슨 일이야?

사라 Daddy. There is a spider on the wall. It's so big. 아빠. 벽에 거미가 있어. 너무 커.

아빠 Where? 어디에?

사라 Over there! 저기에!

아빠 I see. I can see. 알았어. 보이네.

사라 A spider! I never saw such a big spider!

He must be a daddy spider. 거미다! 나 저렇게 큰 거미는 본 적 없는데! 아빠 거미인가 봐.

아빠 Yes, It's a big spider. 그래, 큰 거미네.

Sarah, do you know how many legs they have? 사라야, 거미 다리가 몇 갠지 알아?

사라 No. 몰라.

아빠 Shall we count? 세어 볼까?

아빠·사라 One, two, three, four, five, six, seven and eight. 하나, 둘, 셋, 넷, 다섯, 여섯, 일곱, 여덟.

사라 Yeah, It's eight. A spider has eight legs. 여덟 개네. 거미는 다리가 여덟 개 있네.

아빠 Sarah, do you know this song? 사라야, 이 노래 알아?

'Incy Wincy Spider 거미가 줄을 타고 내려옵니다

Incy Wincy spider climbed up the water spout Down came the rain and washed the spider out Out came the sun and dried up all the rain Now Incy Wincy spider went up the spout again!'

Pivot Structure & Power Words

집이나 길에서 신기한 곤충, 동물, 식물을 발견했을 때 이렇게

말할 수 있다.

- What happened? 무슨 일이야?
- There is … on the …. ~에 ~가 있어.
- Where? 어디?
- Over there! 저기!
- I see. 알았어.
- Do you know how many … they have? Shall we count? …가 몇 개인지 알아? 우리 세어 볼까?
- … has … legs. ~는 …가 ~개 있어.

a spider 거미 a ladybug 무당벌레 a butterfly 나비 a flower 꽃 a plant 식물 a tree 나무 leg 다리 petal 꽃잎 leaf 잎

[예시1]

A: Mommy!

B: What happened?

A: There is a ladybug on the ground.

B: Where?

A: Over there!

B: I see. Do you know how many legs they have? Shall

we count?

A: 1, 2, …, 6! A ladybug has six legs.

[예시2]

A: Daddy!

B: What happened?

A: There is a flower in the garden.

B: Where?

A: Over there!

B: I see. How many petals does it have? Shall we count?

A: 1, 2, …, 5! It has five petals.

Playing with our toy house

소꿉놀이 할 때

사라 Shall we play with the doll house, Jessie? 제시야, 인형 집 가지고 놀까?

제시 Ok. 알았어.

사라 This is my room. 이건 내 방이야.

제시 And this is my room. 그리고 이건 내 방.

사라 This is my bed. 이건 내 침대야.

제시 This is my chair. 이건 내 의자.

사라 No, this is my bed. 아니야, 이거 내 침대야.

제시 No, this is my bed. 아니야, 이거 내 침대야.

엄마 Girls, Don't fight. Play together. 싸우지 마. 같이 놀아.

사라 It is so cute. This is a window. 이거 너무 귀엽다. 창문이야.

제시 This is my window. Cute. 내 창문이야. 귀엽지.

Knock Knock Knock 똑똑똑

사라 Hello. This is Sarah. 안녕하세요. 사라예요.

제시 Come in. 들어오세요.

사라 Thank you. I like your house. 감사합니다. 집이 마음에 들어요.

Pivot Structure & Power Words

인형 집, 레고 집 등으로 소꿉놀이를 하면서 집을 소개해 보자.

- Shall we play with a doll house/lego house? 인형/레고 집 가지고 놀까?
- This is my … 이건 내 ~야.

  room 방 bed 침대 desk 책상 chair 의자 table 테이블 door 문 window 창문 Knock Knock 똑똑
- Hello. This is … 안녕하세요, 저 ~예요.
- I like your house. 집이 마음에 들어요.

[예시]

A: Shall we play with the lego house?

B: Ok. Knock knock. This is (B'name).

A: This is my house. This is my room. This is my bed. This is my desk.

B: I like your house.

I like spring.

나는 봄이 좋아.

엄마 Do you like summer or spring? 사라는 여름이 좋아, 봄이 좋아?

사라 I like spring because I can pick beautiful flowers. 나는 봄이 좋아. 예쁜 꽃 주울 수 있으니까.

엄마 Do you not like summer? 여름은 안 좋아?

사라 I like summer too, because I can pick really nice sea shells. 여름도 좋아. 진짜 진짜 멋진 조개 껍데기 주울 수 있으니까.

Mommy look. This is a sea shell I found in the sea. 엄마, 이거 봐. 이거 내가 바다에서 주운 조개 껍데기야.

엄마 How many do you have? 몇 개나 가지고 있어?

사라 I have more than ten sea shells. 열 개 넘게 가지고 있어.

엄마 Where are they? 그게 어딨어?

사라 They are in my treasure box. 내 보물 상자 안에 있어.

Pivot Structure

좋아하는 계절에 대해 질문하고 계절과 관련된 이야기를 할 때 사용할 수 있다.

- Do you like … or …? ~이/가 좋아, ~이/가 좋아?

  spring 봄 summer 여름 autumn, fall 가을 winter 겨울

- I like … because I can … 나는 ~가 좋아. ~ 할 수 있으니까.

  pick up 줍다 swim 수영하다 eat ice cream 아이스크림을 먹다 see squireels 다람쥐를 보다 ski 스키 타다 build a snowman 눈사람을 만들다

- Look. This is … I found … 봐. 내가 ~에서 찾은 ~야.

  a sea shell 조개 an acorn 도토리 a pine cone 솔방울 a pebble 조약돌

- How many do you have? 몇 개 가지고 있어?
- I have more than … ~ 개 넘게 있어.
- Where are they? 어디에 있어?
- They are in my … It is in my … 내 ~에 있어.

treasure box 보물 상자 pocket 주머니 bag 가방 drawer 서랍

[예시]

A: Do you like autumn or winter?

B: I like autumn because I can see squirrels. Look.

This is an acorn I found in the park.

A: How many do you have?

B: I have more than fifteen acorns.

A: Where are they?

B: They are in my pocket.

In pain

아플 때

사라 Mommy, I have a tummy ache. 엄마, 나 배 아파.

엄마 Where are you? 어디 있어?

사라 I am in the toilet. 화장실에 있어.

엄마 Are you ok? 괜찮아?

사라 Mommy, I want to poo, but I can't! 엄마, 응가 누고 싶은데 안 돼.

엄마 Push Sarah. 힘 줘 봐, 사라야.

사라 Mommy, I cannot! 엄마, 못 하겠어!

엄마 Try. Sarah, do you know why you cannot poo? 한 번 해 봐.

사라야, 네가 왜 응가 못 하는지 알아?

사라 No. 몰라.

엄마 It's because you don't eat any vegetables. 야채를 하나도 안 먹어서 그래.

사라 Ok, Mommy. I will eat ten pieces of broccoli and carrot tomorrow. 알았어, 엄마. 내일 브로콜리랑 당근 10개 먹을게.

엄마 Do you feel better, Sarah? 사라야, 좀 괜찮아졌어?

사라 Yes, I am better. Poo is coming. Hurrah ! 응, 괜찮아졌어. 응가 나오고 있어. 오예!

Pivot Structure & Power Words

아픈 곳이 있을 때 사용해 볼 수 있는 표현이다.

- I have a … ache. ~가 아파.

  tummyache 배앓이 stomachache 복통 headache 두통 toothache 이앓이 sore throat 목앓이

- Are you okay? 괜찮아?
- Try.
- Do you know why you …? 왜 ~인지 알아?
- It's because you … ~ 해서 그래.

• Do you feel better? 좀 괜찮아졌어?

[예시]

A: I have a toothache.

B: Are you okay? Do you know why you have a toothache?

A: No.

B: It's because you didn't brush your teeth well.

A: Okay. I'll brush my teeth everyday.

B: Do you feel better?

What do they look like?

어떻게 생겼어?

사라 Daddy, look, butterflies! There are hundreds of butterflies. 아빠, 이거 봐, 나비야. 나비가 몇백 마리 있어.

아빠 Yes, Sarah. Can you see all of them? 그래, 사라야. 전부 다 보여?

사라 Yes. 응.

아빠 What do they look like? 어떻게 생겼어?

사라 This one is big. This one is small. This one is yellow. This one is blue. This one is white. This one is black. This one is purple. This one is stripy. There are so many. 이거는 커. 이거는 작아. 이거는 노란색이야. 이거는 파란색이야. 이거는 하얀색이야. 이거는 검은색이야. 이거는 보라색이야. 이거는 줄무늬야. 너무 많아.

아빠 Which is your favorite Sarah? 사라는 뭐가 제일 마음에 들어?

사라 My favorite is this one. 나는 이거.

아빠 Which one? 어떤 거?

사라 This one. The blue and stripy one. 이거. 파란색 줄무늬.

아빠 Mine is the purple one. 아빠는 보라색.

사라 Daddy, how many butterflies are in the world? 아빠, 이 세상에는 나비가 몇 마리나 있어?

아빠 There are hundreds of thousands of them. So many. 수백, 수천 마리나 있지. 너무 많아.

Pivot Structure & Power Words

대상을 묘사하고 설명할 때 사용할 수 있는 표현이다.

- There are hundreds of … ~가 수백 있네.
- What do they look like? 어떻게 생겼어?
- This is … 이거는 ~

small 작다 big 크다 tiny 아주 작다 huge 아주 크다 short 키가 크다, 짧다 tall 키가 크다, 높다 long 길다

yellow 노랗다 red 빨갛다 blue 파랗다 white 하얗다 black 까맣다 green 초록색이다 purple 보라색이다 pink 분홍색이다 orange 주황색이다 brown 갈색이다 dark blue 남색이다 light blue 하늘색이다 light green 연두색이다 stripy, striped 줄무늬이다 round 둥글다 square 정사각형 모양이다 rectangular 직사각형 모양이다

- Which is your favorite? 뭐가 제일 좋아?
- My favorite is this one. … one. 제일 좋은 거는 이거. ~한 거.
- Mine is … one. 나는 ~한 거.

[예시]

A: There are hundreds of marbles.

B: What do they look like?

A: This one is tiny. This one is huge. This one is red. This one is pink. This one is green. This one is light blue. There are so many.

B: Which is your favorite?

A: My favorite is this one, the green one.

B: Mine is the red one.

I love Daddy's cooking.

나는 아빠 요리가 너무 좋아.

사라 I am hungry. Daddy, Can I have some cookies, please? 나 배고파. 아빠, 쿠키 좀 먹어도 돼요?

아빠 How many do you want? 몇 개 먹고 싶어?

사라 A hundred! 백 개!

아빠 One or two 한 개 아니면 두 개만.

사라 Two. 두 개.

아빠 Two, please. 두 개 주세요.

아빠 Say 'thank you'. 감사합니다, 해야지.

사라 Thank you. They're very yummy. 감사합니다. 엄청 맛있다.

아빠 Sarah, what shall we have for supper? Pasta or Egg-fried rice? 사라야, 우리 저녁으로 뭐 먹을까? 파스타, 아니면 계란밥?

사라 Daddy, put broccoli, carrot, rice, egg and peas in it. I love Daddy's cooking. 아빠, 브로콜리랑, 당근이랑, 밥이랑, 계란이랑, 콩 넣어. 나는 아빠 요리가 너무 좋아.

Pivot Structure & Power Words

함께 요리할 때 유용하게 사용할 수 있다.

- What shall we have for breakfast/lunch/supper/dinner/snack? … or …? ~로 뭐 먹을까? ~? 아니면 ~?
- Put … ~ 넣어.

broccoli 브로콜리 carrot 당근 pea 완두콩 onion 양파 spring onion, green onion 파 garlic 마늘 cucumber 오이 aubergine, eggplant 가지 mushroom 버섯 bean sprouts 콩나물 bell pepper, pepper 피망 tomato 토마토

potato 감자 sweet potato 고구마 pumpkin, squash 호박 courgette, zucchini 애호박

cabbage 양배추 napa cabbage 배추 lettuce 상추 spinach 시금치

egg 계란 pork 돼지고기 beef 소고기 chicken 닭고기 cheese 치즈 salt 소금 black pepper 후추 sugar 설탕 honey 꿀 butter 버터 soy sauce 간장 sesame oil 참기름 vinegar 식초 ketchup 케첩 mayonnaise 마요네즈 mustard 머스터드

• I love …'s cooking. ~의 요리가 좋아.

[예시]

A: What shall we have for lunch? 카레 or 짜장?

B: 카레! Mommy, put potato, carrot, onion and chicken in it. I love mommy's cooking.

We are painting.

우리 그림 그리고 있어.

엄마 What are you doing? 뭐하고 있어?

사라 We are painting. 우리 그림 그리고 있어.

엄마 What are you painting? 뭘 그리고 있어?

사라 A watering can and a flower pot. 물뿌리개랑 화분.

엄마 With who? 누구랑?

사라 With Daddy. 아빠랑.

엄마 What color? 무슨색으로?

사라 Red 빨간색.

엄마 And what other color? 그리고 또 무슨 색?

사라 Blue, light blue. 파란색, 하늘색.

아빠 You need to mix them well. 잘 섞어야 돼.

엄마 Well done. 아이구 잘하네.

아빠 It's great. It's so nice. You are doing so well, Sarah. I am so proud of you. 훌륭하네. 너무 멋지다. 사라야, 정말 잘하고 있어. 아빠는 사라가 너무 자랑스럽다.

Pivot Structure & Power Words

그림 그리고 만들기할 때 쓸 수 있는 표현이다.

- We are / I am painting/drawing/making …

  draw/paint 그림 그리다 color 색칠하다 make 만들다 build 짓다

- Well done. It's great. It's nice. You are doing so well. I am so proud of you.

[예시]

A: What are you doing?

B: We are drawing.

A: What?

B: A rabbit.

A: With whom?

B: With mommy.

A: It's nice. You are doing so well.

Let's call him 팽이.

팽이라고 부르자.

사라 Mommy, there are snails. 엄마, 여기 달팽이 있어요.

엄마 Where? 어디?

사라 Daddy, Daddy, here are two snails. 아빠, 아빠, 여기 달팽이 두 마리 있어.

사라 Are you going to make a snail pot? 아빠 달팽이 집 만들 거야?

아빠 Yes. 응

사라 How are they going to breath? 얘네가 어떻게 숨 쉬지?

아빠 We will make some holes. 구멍을 좀 뚫을 거야.

사라 What happens if they escape? 탈출하면 어떡해?

사라 I want to have a pet snail. 나는 애완 달팽이 갖고 싶어.

사라 We need to have some vegetables. 야채가 있으면 좋겠다.

아빠 Here we go. 여기 있어.

사라 It's going to get so fat. Daddy, can you put the snail in the box? 진짜 뚱뚱해지겠다. 아빠, 박스 안에 달팽이 넣어 줄 수 있어요?

아빠 You do it. 네가 해 봐.

사라 I am scared. I need gardening gloves. 무서운데. 가든 장갑 필요해.

엄마 Be careful, Sarah. Take that green salad to the snail. 조심해, 사라야. 달팽이한테 야채 샐러드 갖다 줘.

엄마 What shall we call him? 달팽이 이름을 뭐라고 할까?

사라 Let's call him 팽이. 팽이라고 부르자.

엄마 That' great! 좋아!

Pivot Structure & Power Words

애완 동물, 반려 동물에 대해 이야기할 때 사용할 수 있는 표현이다.

- We need to have … 우리 …가 필요해.
- Bring … to … …를 …한테 가져다 줘.

- What shall we call …? 뭐라고 부를까?
- Let's call …. …라고 부르자.

[예시]

A: Look! There is a beetle. I want to have a pet beetle.

B: We need to have some fruits.

A: What shall we call him?

B: Let's call him 뎅이.

A: That's great.

I saw a rainbow

무지개를 봤어요.

엄마 Sarah, Come and look. Come on, come on! 와서 저거 봐! 빨리 빨리!

아빠 Look, Sarah, there is a rainbow. 사라야, 저기 봐. 무지개다.

사라 Where? 어디?

아빠 Over there. 저기.

사라 Wow. Mommy, Daddy, Jessie, there is a rainbow. It's beautiful. So pretty! 우와. 엄마, 아빠, 제시야, 저기 무지개 있어. 아름답다. 진짜 예뻐.

사라 I love rainbows. 나는 무지개가 정말 좋아.

아빠 Sarah, can you sing a rainbow song? 사라야, 무지개 노래 부를 수 있어?

Sing Together

'Red and yellow and pink and green

Orange and purple and blue

I can sing a rainbow

Sing a rainbow

Sing a rainbow too'

엄마 What is your favorite color? 사라 무슨 색이 젤 좋아?

사라 My favorite color is … 내가 제일 좋아하는 색깔은 …

사라 Mommy, Daddy, look, it is fading. 엄마, 아빠, 저거 봐, 없어지고 있어.

아빠 Don't worry, Sarah. It will come back after another rainy day. So, say goodbye. 걱정마, 사라야. 비오는 날에 다시 올 거야. 그러니까 안녕 해 줘.

사라 Ok, Mr Rainbow, see you later. 알았어. 무지개 아저씨, 다음에 봐요!

Pivot structure & Power words

무지개를 발견했을 때 다음 표현을 써 보자.

- Look there is a rainbow. 저기 봐. 무지개다.
- What is your favorite color? 제일 좋아하는 색깔이 뭐야?
- My favorite color is … 내가 제일 좋아하는 색깔은 …

[예시]

A: Look, there is a rainbow.

B: Wow, it's so beautiful. I love rainbows.

A: What is your favorite color?

B: My favorite color is purple. Oh, it's fading.

A: Don't worry. It will come back after another rainy day.
So, say goodbye.

A Rainy Day

비 오는 날

사라 Daddy, It's raining. Where is my raincoat? 아빠, 지금 비 오고 있어. 내 비옷 어디 있지?

아빠 It's over there. 저기 있어.

엄마 It's raining. Put on your wellie, Sarah. What is 장화 in english when we put on in the rain? 비 오네, 사라야 장화 신어라. 비 올 때 신는 장화가 영어로 뭐지?

사라 It's wellie.

엄마 It's raining so much. 비가 너무 많이 오네.

It's so rainy so we can't go to the museum. 비 너무 많이 와서 박물관 못가겠네.

사라 I want to go to the museum! 박물관 가고 싶어!

아빠 You will catch a cold, Sarah. 감기 걸릴 거야, 사라야.

아빠 I have a good idea! What about going to the 99p shop? 좋은 생각이 있는데! 99p 가게에 가는 건 어때?

사라 Ok. I love going to the 99p shop. 좋아. 99p 가게 가는 거 좋아.

Pivot structure & Power words

비 오는 날 다음 표현을 써 보자.

- It's so … so we can't … 날씨가 너무 … 해서 … 할 수 없어.

  rainy 비가 오다 snowy 눈이 오다 windy 바람이 불다 stormy 폭풍우/눈보라가 몰아치다 foggy 안개가 끼다 hot 덥다 cold 춥다 chilly 쌀쌀하다

- What about going to …? …에 가는 건 어때?
- I love to go to … …에 가는 거 좋아.

[예시]

A: It's snowing so much.

B: It's so snowy, so we can't go to the mountain.

A: I want to go to park!

B: It will be too cold. What about going to the art museum?

A: That's a good idea.

Let's share all together

다 같이 나눠 먹자.

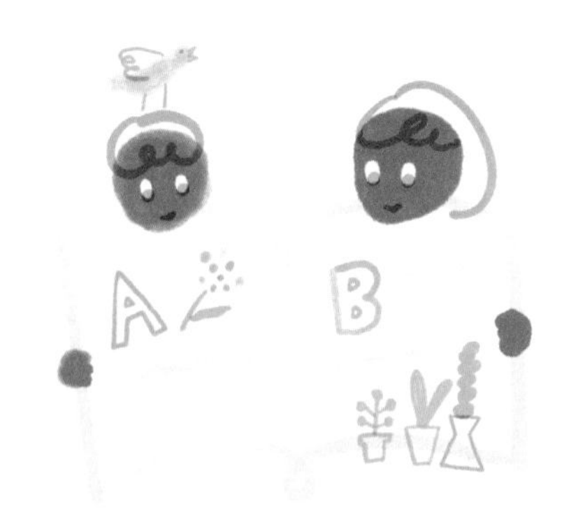

사라 This is mine. 이거 내 거야.

제시 No. This is mine. 아니야, 이거 내 거야.

사라 No. This is mine! 아니야, 이거 내 거라니까!

제시 Mine! 내 거야!

사라 MINE!!! (Crying.) 내 거야!!! (울음.)

아빠 What's going on? 무슨 일이야?

사라 Jessie says this is hers, but It's mine. Also, she pinched me. She pushed me, too. 제시가 이거 자기 거라고 하는데

이거 내 거야. 그리고 제시가 나 꼬집었어. 밀기도 했어.

엄마 Jessie, Come and say sorry to Sarah. 제시, 언니 꼬집었어? 밀었어. 미안하다고 해.

제시 Sorry. 미안.

사라 It hurts. (Crying) 아파. (울음.)

엄마 It's ok. 괜찮다고 해.

사라 It's ok. 괜찮아.

엄마 Hug. 서로 안아줘.

엄마 Shall we share pies? Who wants pies? 우리 파이 나눠 먹을까? 파이 먹고 싶은 사람은?

사라 Me. 나.

제시 Me! 나!

엄마 Together. 같이.

엄마 Let's have some milk. Who wants the blue cup? 우리 우유도 먹자. 파란 컵 누가 쓸래?

제시 Me! 나!

엄마 Who wants the pink cup ? 핑크색 컵 누가 쓸래?

사라 Me. 나.

엄마 Please. 저요.

사라·제시 Please. 저요.

Pivot structure & Power words

- This is mine. 이거 내 거야.
- … says … is hers/his but It's mine. …가 자기 거라고 하는데 내 거야.

  pinch 꼬집다 push 밀다 kick 차다

- It's painful. 아파.
- Come and say sorry to … 와서 …한테 미안하다고 해.

[예시]

A: Daddy, Jessie says it's hers but it's mine.

B: Daddy, Sarah pushed me. It's painful.

C: Sarah and Jessie, say sorry to each other.

A: Sorry.

B: Sorry.

C: Let's share all together.

My little sister Jessie likes a dog.

내 동생 제시는 개를 좋아해요.

My little sister Jessie likes dogs, but I don't like dogs.

She likes pasta, but I don't like pasta. I like pizza.

She likes blue, but I don't like blue. I like pink.

But, I love her. She is my sister. We like ice cream. We like chocolate. We love Mommy and Daddy. We also like building blocks. Jessie's blocks are blue. My blocks are pink.

내 동생 제시는 개를 좋아해요. 하지만 저는 개를 안 좋아해요.

제시는 파스타를 좋아해요. 하지만 저는 파스타를 좋아하지 않아요. 피자를 좋아해요.
제시는 파란색을 좋아해요. 하지만 저는 파란색을 안 좋아해요. 핑크색을 좋아해요.
하지만 저는 제시를 사랑해요. 제시는 제 동생이에요. 우리는 아이스크림을 좋아해요.
우리는 초콜릿을 좋아해요. 우리는 엄마 아빠를 사랑해요. 블록 쌓기도 좋아해요.
제시의 블록은 파란색이에요. 제 블록은 핑크색이에요.

Pivot structure & Power words

나는 좋아하는데 동생은 안 좋아하는 것, 엄마는 안 좋아하는데 나는 좋아하는 것 등 각자가 좋아하고 싫어하는 것을 비교하면서 이야기할 때 쓸 수 있는 표현이다.

- … likes …
- But I don't like … I like …
- We like … We love …

[예시]

My mommy likes cats, but I don't like cats. I like dogs.
My daddy likes red, but I don't like red. I like green.
My brother likes spicy food, but I don't like spicy food. I like sweet food.

Going to buy fruit

과일 사러 가요.

Mommy, Jessie and I went to the shop together. We saw oranges, peaches, kiwis, melons and grapes, bananas, apples, and pears. My favorites are peaches. Mommy bought five peaches. Jessie likes oranges. She can even eat ten oranges. Mommy bought five oranges for Jessie. We also saw a pineapple. I don't like pineapple. Jessie doesn't like pineapple, neither. We wanted to buy a big watermelon, but Mommy said it was too heavy, so, we only bought oranges and peaches. Daddy can buy a watermelon because he is big and strong.

엄마랑 제시랑 저는 같이 가게에 갔어요. 우리는 오렌지, 복숭아, 키위, 멜론이랑 포도, 바나나, 사과랑 배를 봤어요. 제가 제일 좋아하는 건 복숭아예요. 엄마가 복숭아 다섯 개를 샀어요. 제시는 오렌지를 좋아해요. 심지어 오렌지를 열 개나 먹을 수 있어요. 엄마는 제시를 위해서 오렌지 다섯 개를 샀어요. 우리는 파인애플도 봤어요. 저는 파인애플을 안 좋아해요. 제시도 파인애플을 좋아하지 않아요. 우리는 큰 수박을 사고 싶었지만 엄마가 그건 너무 무겁다고 했어요. 그래서 우리는 오렌지랑 복숭아만 샀어요. 아빠는 수박을 살 수 있어요. 아빠는 크고 힘이 세니까요.

Pivot structure & Power words

가게에서 무슨 과일을 살 수 있을까? 누가 무슨 과일을 좋아하는지, 안 좋아하는지 과일에 대해 이야기 할 수 있다.

- We saw …, … and …
- … like(s) …
- … can even eat …
- … bought … for …

oranges 오렌지 peaches 복숭아 kiwis 키위 melons 메론 grapes 포도 bananas 바나나 apples 사과 pears 배 pineapples 파인애플 watermelons 수박 strawberries 딸기 blueberries 블루베리 cherries 체리 plums 자두 persimmons 감 apricots 살구 mango 망고

[예시]

Mommy, daddy and I went to the shop. We saw watermelons, peaches, grapes and mangos. I like peaches. I can even eat five peaches. We bought peaches. We also bought mangos for my sister. She likes mangos.

At a sandpit

모래밭에서

We went to the sandpit today. It is in a big playground. We played there for a long time. I cooked with sand and Jessie helped me. Jessie cried once because sand went into her eyes. Mommy blew the sand out and she was ok after. We ate an ice cream and came home. We had a bath because the sand went all over the place. We went to Daniel's house and had a barbecue. We played with Daniel and then went to bed. I had a very happy day.

우리는 오늘 모래밭에 갔어요. 모래밭은 큰 놀이터 안에 있어요. 우리는 거기에서 오랫동안 놀았어요. 저는 모래로 요리를 했고 제시가 저를 도와줬어요. 제시는 눈에 모래가 들어가서 한 번 울었어요. 하지만 엄마가 모래를 불어 줘서 제시는 괜찮았어요. 우리는 아이스크림을 먹고 집에 왔어요. 우리는 목욕을 했어요. 여기저기 모래가 다 들어갔거든요. 우리는 다니엘의 집에 가서 바비큐를 했어요. 다니엘이랑 놀고 나서 자러 갔어요. 정말 행복한 하루였어요.

Pivot structure & Power words

어디에 갔는지, 누구랑 놀았는지, 뭘 먹었는지 등을 이야기하며 하루 동안 있었던 일을 표현할 때 쓸 수 있다.

- We went to …
- We played with …
- We ate …
- I had a very ____________ day.(happy, lovely, great, amazing, fantastic, sad)

[예시]

We went to the park today. It is near our school. We played with our cousins. We ate sandwiches and fruits. We came home and had a bath. I had a very great day.

Playing seesaw

시소 타기

We went to the playground today. We saw swings, seesaws and roundabouts. I am a big girl now, so I can swing by myself. I can even stand up when I swing. We also played with the seesaw. I sat with my mom and Jessie sat with my dad. But, the seesaw did not move. My dad and Jessie were at the bottom and mom and I were at the top.

우리는 오늘 놀이터에 갔어요. 그네랑 시소랑 뺑뺑이를 봤어요. 저는 이제 다 컸어요. 그래서 혼자서 그네를 탈 수 있어요. 심지어 서서 탈 수도 있어요. 제시랑 저는 그네를 제일 좋아해요. 우리는 시소도 탔어요. 저는 엄마랑 앉고 제시는 아빠랑 앉았어요. 그런데 시소가 안 움직였어요. 아빠랑 제시가 아래에 있었고 엄마랑 저는 위에 있었어요.

사라 Daddy, I want to come down. 아빠, 나 내려가고 싶어.

아빠 Sarah, maybe daddy and Jessie are too heavy. 사라야, 아마도 아빠랑 제시가 너무 무거운가 봐.

제시 Daddy, I want to go down. 아빠, 나 내리고 싶어.

아빠 What about you, Jessie and mommy all sit together? 사라랑, 제시랑, 엄마가 다 같이 앉는 것 어떨까?

사라·제시 Ok. 좋아.

Changing the seats. (자리를 바꾼다.)

사라 Wow, It's moving now. It's fun. 우와, 이제 움직인다. 재미있어.

아빠 Yes, it is fun. 그래, 재미있네.

사라 My daddy is really big and strong. 우리 아빠는 진짜 크고 힘이 세.

Pivot Structure & Power Words

놀이터에서 아이들과 놀면서 이렇게 말해 볼 수 있다.

- I am a big … now.
- girl, boy, sister, brother

• I can … by myself. 혼자서 … 할 수 있어요.

[예시]

A: I am a big boy now. I can clean my room by myself.

B: I am a big girl now. I can get dressed by myself.

Look at Sarah's piggy nose.

사라 돼지 코 좀 보세요.

사라 Jessie, come here. Look at my nose. 제시야, 이리 와 봐. 내 코 좀 봐.

I have a piggy nose. 나 돼지 코야.

엄마 What happened? 무슨 일이야?

사라 Mommy, my nose is a piggy nose. 엄마, 내 코 돼지 코야.

엄마 Yes, you got a piggy nose. 그러네, 사라 돼지 코네.

사라 I am Sarah pig. And Jessie is Jessie pig. 나는 사라 돼지야. 그리고 제시는 제시 돼지야.

엄마 Then, I am mommy pig. 그럼 나는 엄마 돼지네.

사라 Daddy is daddy pig. 아빠는 아빠 돼지.

엄마 Sarah pig, shall we go out? 사라 돼지야, 우리 나갈까?

사라 Yes, mommy pig. Where are we going? 응, 엄마 돼지. 우리 어디 가?

엄마 Let's go to the shop. We need to buy milk. 가게에 가자. 우리 우유 사야 돼.

사라 Mommy pig, can we also buy some sweets? 엄마 돼지, 우리 달달한 간식도 사도 돼?

제시 Yes, chocolate! 맞아, 초콜릿!

엄마 Ok. We will buy milk and chocolate to share. 그래. 우유랑 나눠 먹을 초콜릿 하나 살 거야.

Pivot Structure & Power Words

가족들을 귀엽게 동물에 비유할 때 사용할 수 있는 표현이다.

- mommy pig, daddy pig, (이름) pig
- mommy bear, daddy bear, (이름) bear

[예시]

A: Hi, mommy bear. Hi, daddy bear.

B: Then, you are Jessie bear.

A: Yes, I am Jessie bear. Mommy bear, shall we go out and buy some sweets?

B: Okay, Jessie bear. Let's buy some chocolate.

I am little Picasso

나는 꼬마 피카소예요.

사라 Mommy, look at Jessie. Jessie is drawing on the wall.

엄마, 제시 봐. 제시 벽에다 그림 그리고 있어.

엄마 Jessie, please don't draw on the wall. Draw in your sketchbook or paper. 제시야. 벽에다 그림 그리지 마. 스케치북이나 종이에 그려.

제시 I like drawing on the wall. 벽에 그림 그리는 거 좋은데.

사라 Mommy, I want to draw on the wall, too. 엄마, 나도 벽에 그림 그리고 싶어.

엄마 If you do, can you wash the wall? 음. 그렇게 하면, 벽 닦을 수 있어?

사라·제시 Yes! 응!

사라 What color would you like to draw in? 무슨 색으로 그리고 싶어?

제시 Blue. 파란색.

사라 You always like blue. I like pink. 너는 항상 파란색 좋아하더라. 나는 핑크색이 좋아.

사라 I am going to draw a princess. What are you drawing? 나는 공주를 그릴 거야. 너는 뭐 그려?

제시 I am drawing a flower. 나는 꽃 그리고 있어.

사라 Flowers are not blue. 꽃은 파란색이 아닌데.

제시 They are blue. 파란색이야.

사라 No, they aren't. 아니야.

아빠 Girls, what are you doing? 얘들아, 너네 뭐하니?

사라 Daddy, we are drawing on the wall. Mommy says it is ok. 아빠, 우리 벽에다 그림 그리고 있어. 엄마가 괜찮다고 했어.

엄마 They will wash the wall. 애들이 벽을 닦을 거야.

아빠 What are you drawing? 뭐 그리고 있어?

사라 I am drawing a princess and Jessie is drawing a flower. But, she is drawing a blue flower.

I have never seen a blue flower. 나는 공주 그리고 있고 제시는 꽃 그리고 있어. 그런데 제시가 파란색 꽃을 그리고 있어. 나는 파란색 꽃은 본 적이 없는데.

엄마 Jessie is a little painter. Sarah too. 제시는 꼬마 화가야. 사라도 그렇고.

아빠 Sarah and Jessie, I will help you wash the wall. 사라야, 제시야, 아빠가 벽 닦는 거 도와줄게.

사라 I love you, Daddy. 아빠 사랑해.

아빠 Why do you love me, Sarah? 왜 아빠 사랑해, 사라야?

사라 It is because you are my daddy. 우리 아빠니까!

Pivot Structure & Power Words

아이가 그림을 그리며 놀 때 이렇게 말해 볼 수 있다.

- What are you drawing? 뭐 그리고 있어?
- I am going to draw … … 그릴 거야.
- What color do you like to draw? 무슨 색깔로 그리고 싶어?
- I love you. 사랑해.
- Why do you love me? 왜 나 사랑해?
- It is because you are my … 우리 …니까!

daddy 아빠 mommy 엄마 daughter 딸 son 아들 sister 언니/누나/여동생

brother 오빠/형/남동생 husband 남편 wife 아내

[예시]

A: You are a little painter. What are you drawing?

B: I am drawing our family.

A: I love you, Sarah.

B: Why do you love me, Daddy?

A: It is because you are my daughter!

My birthday is November

내 생일은 11월이에요.

사라 Daddy, can I have a play day with Abigail today? 아빠, 오늘 아비가일이랑 놀아도 돼?

아빠 Yes. I will ask her daddy. 그래. 아비가일 아빠한테 물어볼게.

사라 I really want to play with Abigail. 아비가일이랑 진짜 놀고 싶어.

사라 Daddy, when is Saturday? 아빠, 토요일이 언제야?

아빠 It's the day after tomorrow? Why? 모렌데, 왜?

사라 It's Grace's birthday. I need to get a present for her. 그레이스 생일이거든. 선물 사야 돼.

아빠 What kind of presents do you want to give her? 그레이스한테 무슨 선물 주고 싶어?

사라 I don't know. Grace likes everything. When is my birthday? 모르겠어. 그레이스는 다 좋아해. 내 생일은 언제야?

아빠 It's November. 11월이야.

사라 How many days? 며칠 남았어?

아빠 It's August now, so many days are left. 지금 8월이니까 많이 많이 남았지.

사라 I want tomorrow to be my birthday so that I can invite all my friends over. 내일이 내 생일이라서 친구들 다 초대할 수 있었으면 좋겠다.

아빠 What kind of presents do you want to give her? What kind of presents do you want to receive? 무슨 선물을 주고 싶어? 무슨 선물 받고 싶어?

사라 I like princess bracelets, princess necklaces, and princess hairpins. 공주 팔찌랑, 공주 목걸이랑, 공주 헤어핀 좋아.

아빠 Can you choose one? 하나만 고를 수 있어?

사라 It is difficult. 어려워.

아빠 You have many days to think. 생각해 볼 날이 많이 있어.

Pivot Structure & Power Words

- It's …'s birthday. I need to get a present for … …의 생일이야. …의 선물이 필요해.
- What kinds of presents do you want to give …? …한테 무슨 선물을 주고 싶어?
- What kinds of presents do you want to receive? 무슨 선물을 받고 싶어?
- Can you choose one? 하나 고를 수 있어?
- You have many days to think. 생각해 볼 날이 많이 있어.

[예시]

A: It's my best friend's birthday. I need to get a present for him.

B: What present do you want to give him?

A: I want to give him a toy. I want tomorrow to be my birthday so that I can invite all my friends over.

B: What present do you want to receive?

A: It's difficult to choose one.

I became a sweet because I ate too much sweet.

단 거를 너무 많이 먹어서 사탕이 됐어요.

사라 Daddy, I want to eat sweets every day. 아빠, 나는 매일 단 거 먹고 싶어.

엄마 Just one more. 하나만 더.

제시 Can I have one more, too? 나도 하나 더 먹어도 돼?

엄마 Just one more. 딱 하나만 더.

사라 Can I have really one more sweet? 진짜 하나 더 먹어도 돼?

제시 Mommy, can I have one more chocolate? 엄마, 나 초콜릿 딱 하나만 더 먹어도 돼?

엄마 No more. You've had too many sweets. You know what happens if you eat too many sweets? 이제 더는 안 돼. 단 거 너무 많이 먹었어. 단 거 너무 많이 먹으면 어떻게 되는지 알지?

사라·제시 No. 몰라.

엄마 Daddy, do you know? 아빠, 알아?

아빠 Yes. You become a sweet. 응. 너네가 단 게 될 거야.

사라 (Giggles), What happens then? (키득키득), 그럼 어떻게 돼?

아빠 You will dissolve when it rains. 비가 오면 너네가 녹아 버릴거야.

사라 Daddy, I don't want to dissolve. 아빠, 나는 녹기 싫어.

아빠 Then, maybe we should not eat more sweets today. 그럼, 우린 아마도 오늘은 더 이상 단 거 더 먹으면 안 되겠다.

사라·제시 Okay. 알았어.

Pivot Structure & Power Words

아이가 사탕을 좋아한다면 이렇게 말해 보세요.

- What happens if … … 면 어떻게 돼?

[예시]

A: Daddy, can I eat one more ice cream?

B: No more. You know what happens if you have too many ice creams?

A: No.

B: You become an ice cream.

A: What happens then?

B: You will melt when it gets warmer.

What is banana in English?

바나나가 영어로 뭐야?

엄마 What is banana in English? 사라야, 바나나가 영어로 뭐야?

사라 'Banana'. The accent is on the second syllable. 바나나. 악센트는 두번째 음절에 있어.

엄마 What is tomato in English? 토마토는 영어로 뭐야?

사라 Tomato. 토마토.

엄마 What about pizza? 피자는?

사라 It's pizza. 피자.

엄마 What about pineapple? 파인애플은?

사라 It's pineapple. 파인애플.

엄마 Um, what about hamburger? 햄버거는?

사라 It's hamburger. 햄버거.

엄마 What about computer? 컴퓨터는?

사라 It's computer. 컴퓨터.

엄마 What about 물? 물은?

사라 It's water.

엄마 What about 요리? 요리는?

사라 It's cooking.

엄마 What about 공부? 공부는?

사라 It's studying.

사라 Mommy, It's boring. 엄마 재미없어요.

엄마 Isn't it amazing, Sarah. They're similar, right? Many Korean words and English words are similar. 근데 신기하지 사라야. 영어랑 한국말이랑 비슷하지? 한국어 단어와 영어 단어중 비슷한 게 많아.

Pivot Structure & Power Words

책을 읽다가 혹은 영화를 보면서, 어떤 단어를 영어나 한국어로 어떻게 말하는지 궁금할 때 쓸 수 있는 표현이다.

- What's … in English? …이/가 영어로 뭐야?
- What's … in Korean? …이/가 한국어로 뭐야?
- What about? …은/는?

[예시]

A: What is 버스 in English?

B: It's bus.

A: What is 컵 in English?

B: It's cup.

A: That's right. Many Korean words and English words are similar.

We are going to sea.

우리는 바다에 가요.

We are going to the sea with my aunt. I packed my swimming costume. I also packed my other clothes. Mommy and Daddy packed for Jessie. She sleeps in the car every time. I have car sickness. So, mommy gave me medicine. I love swimming. My daddy swims very well. I want to swim like my daddy when I grow up. I was bitten by a mosquito. I don't like mosquitos. The bite is so itchy. I scratched it and it hurt. I wanted to cry, but,

I didn't cry. Mommy told me that if I cry, I will not get any presents from Father Christmas. We went to the playground too. It was a lovely day.

우리는 고모/이모랑 바다에 가요. 저는 수영복을 챙겼어요. 다른 옷도 챙겼어요. 엄마랑 아빠는 제시 짐을 싸 줬어요. 제시는 항상 차 안에서 자요. 저는 차 멀미가 있어요. 그래서 엄마가 저한테 약을 줬어요. 저는 수영을 좋아해요. 우리 아빠는 수영을 진짜 잘 해요. 저도 어른이 되면 아빠처럼 수영을 하고 싶어요. 저는 모기한테 물렸어요. 모기가 싫어요. 물린 곳이 너무 간지러워요. 긁었는데 아팠어요. 울고 싶었지만 안 울었어요. 엄마가 울면 산타 할아버지한테 선물을 못 받는다고 그랬거든요. 우리는 놀이터에도 갔어요. 정말 좋은 하루였어요.

Pivot Structure & Power Words

그 날 있었던 일을 돌이켜보며 일기를 쓸 때 사용할 수 있는 표현이다.

- I packed ________ (swimming costume / clothes / medicine / books / toys …)
- I was bitten by … …한테 물렸어요.
- I wanted to cry, but I didn't cry. 울고 싶었지만 울지 않았어요.

[예시]

We are going to the mountain today. I packed a torch. Mommy and Daddy packed a tent and food. I was bitten by a bug. The bite was so itchy. I wanted to cry, but I didn't cry. Mommy told me that if I cry, I will not get any presents from Father Christmas.

Where is Sarah?

사라는 어디에 있어요?

This is my class. Do you know where I am? Can you find me? I wear the flower sandals that my daddy bought for me. I sit next to Josie. I wear a green dress that my aunt bought for me. It has many animal pictures but they are too small. I am in the front row. My friend Josie wears yellow trousers and pink shoes. My other friend Eli wears black shoes and a stripy T-shirt. Can you now find where I am? We have three teachers: Ms Megahn,

Pete and Mariah. I have many friends: Gwen, Harper, Grace, Abigail, Eli, Olivier, Tom, Eloise, Daniel, Joe, and more. We study together. We play together and we eat together. I like fish and chips, but I don't like pasta. Last week, we went to the park with all our parents. It was such a fun day. I hope all my friends come to my birthday party.

우리 반이에요. 제가 어디 있는지 알겠어요? 찾을 수 있어요? 저는 아빠가 사 준 꽃 샌들을 신고 있어요. 저는 조시 옆에 앉아 있어요. 저는 이모/고모가 사 준 초록색 원피스를 입고 있어요. 원피스에 동물 그림이 많은데 너무 작아요. 저는 첫줄에 있어요. 제 친구 조시는 노란색 바지에 핑크색 신발을 신고 있어요. 다른 친구 엘리는 검정색 신발에 줄무늬 티셔츠를 입고 있어요. 이제 제가 어디 있는지 찾을 수 있겠어요? 우리는 선생님이 세 분 있어요. 메간 선생님, 피트, 마리아예요. 저는 친구가 많아요. 그웬, 하퍼, 그레이스, 아비가일, 엘리, 올리비에, 톰, 엘로이즈, 다니엘, 조, 등등 많아요. 우리는 같이 공부해요. 우리는 같이 놀고 같이 먹어요. 저는 피시앤칩스를 좋아하지만 파스타를 안 좋아해요. 지난주에 우리는 부모님들이랑 공원에 갔어요. 정말 재미있는 날이었어요. 제 친구들이 다 제 생일 파티에 왔으면 좋겠어요.

Pivot Structure & Power Words

각자의 가족 사진을 가져와 보자. 가족 사진 속의 인물들에 대해 서로 이야기 해 보자.

- Can you find where …? … 어디 있는지 찾을 수 있겠어요?
- I am 내가 my mommy is 엄마가 my daddy is 아빠가 my friend is 내 친

구가 my teacher is 내 선생님이

- I wear … 나는 … 입었어요.

a T-shirt 티셔츠 a shirt 셔츠 a jumper 스웨터 a jacket 재킷 a coat 코트/외투 trousers 바지 jeans 청바지 shorts 반바지 a skirt 치마 a dress 원피스/드레스 shoes 신발 trainers/sneakers 운동화 sandals 샌들 boots 부츠 rainboots/wellies 장화 hat 모자 cap 캡모자

- I am in the … row. 나는 … 줄에 있어요.

first 첫 번째 second 두 번째 third 세 번째 fourth 네 번째 fifth 다섯 번 째 sixth 여섯 번 째 …

[예시]

- Can you find where my parents are? My mommy wears a blue dress and white sandals. My daddy sits next to her. He wears a stripy t-shirt and yellow trainers. There are in the second row.

- This is my class. Can you find where I am? I am in the second row. I wear a white T-shirt, jeans and pink trainers. Can you find where my teacher is? He is in the fourth row. He wears a brown coat.

가장 효과적인 언어 학습은 모국어와 영어가 건강하게 공존하는 상태에서 이뤄진다. 더불어 인공지능 기술은 영어 교육에서도 큰 변화를 가져오고 있다. 우리 아이들의 영어 교육은 어떻게 변화할까?
4부에서는 더 넓은 언어의 숲으로 나아가기 위한 질문을 던지고 함께 생각해 보자.

*

법칙

4

표현 영어의 숲

어서오세요, 옥스퍼드 영어 상담소입니다

인공지능 챗봇으로 영어 학습이 가능할까요?

먼 미래의 이야기 같았던 인공지능과 살아가는 시대가 현재로 다가왔다. 우리는 지금 챗GPT 시대를 살고 있다. 인공지능이 탑재된 챗봇과 언어 학습하는 것은 이제 더 이상 낯선 일이 아니다.

인공지능의 대부라고 할 수 있는 구글의 제프리 힌턴 Geoffrey Hinton 박사는 인공지능이 인간을 위협할 수 있을 것이라는 우려를 표하며 얼마 전 구글을 그만두었다. 우리는 이렇듯 이미 무서운 속도로 발전하는 인공 지능이 실재하는 삶을 살아가고 있다. 이런 시대를 살아가는 우리는 아이들에게 어떤 교육을 해야 할까?

인공지능의 발달, 그리고 그런 기술을 활용한 챗GPT와 같은 서비스의 등장은 영어 교육에 있어서 좋은 점이 있다. 우선, 아이들이 철자나 문법 같은 것들을 무조건적으로 암기하는 데 많은 시간을 쓰지 않아도 된다. 그런 것들은 인공지능 조교 선생님이 쉽게 알려 주고 고쳐 줄 수 있다. 또한 모두 같은 교과서를 쓰지 않고 개개인에게 맞는 영어 공부를 할 수 있다는 장점도 있다.

예를 들면 우리 아이의 수준에 맞는 영어 교육 커리큘럼을 짜 달라고 인공지능에게 부탁할 수 있다. 혹은 아이의 관심사와 흥미에 맞는 내용으로 영어 공부를 할 수도 있다. 값비싼 교육을 받지 않아도 손쉽게 교육 정보를 얻을 수 있다는 점에서 교육의 평준화가 가능할 수 있다.

무엇보다도 앞으로 언어학습에서 챗봇 선생님의 역할은 너무나 중요하다. 최근 연구들을 보면 인공지능 네이티브로 자라나는 아이들은 챗봇이나 휴머노이드 로봇과 함께 학습할 때 오히려 심리적으로는 안정감을 느끼기도 한다고 했다.

선생님께 직접 배우면 최상일 것이라고 생각하지만, 선생님께 직접 언어를 배울 때는 아이들의 불안증도 높아진다. '문제를 풀다 틀리면 어떻게 하나' 하는 불안감이 많이 있다.

사실 나도 그런 경험이 있다. 대학교 때 프랑스어를 배웠다. 한 번은 알리앙스 프랑세스프랑스와 불어권 및 프랑스어 학습 교육기관에서 배웠고, 한 번은 서래마을 살던 8살짜리 프랑스 아이 소피를 돌보면서 프랑스어를 배웠다. 알리앙스에서 배울 때, 강사는 학생들의 참여를 높이고자 적극적으로 질문을 하신 것이었을 텐데 나는 강사가 시키는 것에 마음을 졸였다. 나의 프랑스어가 진짜로 말하는 프랑스어가 된 것은 8살 소피와 짧고 쉽고 편한 프랑스어를 날마다 말한 이후였다.

챗봇이나 휴머노이드 로봇과 언어 연습을 하면 이런 효과를 누릴 수 있다. 학습자들은 불안감이 적고, 오히려 평정심을 갖고 언어를 말할 가능성이 높다. 더군다나 아이들은 이런 경우에 공부한다고 생각하기보다 게임을 하거나 노는 것이라고 생각할 수 있다.

사실, 언어 학습에 최적화된 상황은 공부한다고 생각할 때가 아니라 놀고 쉬고 있을 때이기 때문에 이렇게 챗봇, 휴머노이드 로봇과 언어 공부를 하면 학습 효과를 극대화할 수 있는 큰 장점이 있다. 시간 날 때마다 공부하고 대화를 할 수 있는 장점도 있고, 개개인에 맞춤형 언어 교육을 할 수 있다는 점 역시 인공지능 통한 영어 교육에 매우 강점이라 할 수 있다.

그렇지만, 챗봇이나 휴머노이드 로봇에 모든 것을 맡길 수는 없다. 인공지능으로 인해 아이들이 거짓 정보에 노출될 위험이 더욱 높아졌다. 챗GPT 같은 언어 모델은 인간의 언어로 그럴 듯한 이야기들을 계속해서 만들어 낼 수 있는데, 그 말이 항상 사실은 아니다. 아이들이 이런 것들을 지식 습득의 창구로 사용하면 문제가 생길 수 있기 때문에 유의가 필요하다.

전반적으로 온라인 서비스, 가상 세계에 너무 오래 있는 것, 특히 중독 현상이 큰 문제이다. 인위적인 자극으로 도파민이 과다하게 분비되면 뇌 전두엽과 전전두엽의 기능에 악영향을 미치기 때문이다. 소셜 미디어도 청소년기에 감정과 행동을 조절하는 전전두엽이 발달하기 전에 너무 일찍 사용하기 시작하면 뇌 성장에 방해될 수 있다. 따라서 너무 어린 나이에 보호자의 지도 없이 이런 기술을 접하는 것은 위험할 수 있다. 아이들이 기술의 유용함을 아는 것도 중요하지만 현실 세계에서 즐거움을 느끼는 것은 여전히 가장 중요하다.

특히 어린 아이들의 언어 습득에 가장 중요한 것은 감정과 공감 언어의 습득이다. 정보의 언어를 익히는 데는 이러한 인공지능 선생님이 매우 효과적일 수 있지만, 아이들이 평생 동안 보물처럼 필요한 감정과 공감의 언어는 부모, 가족과 의미 있는 대화 주고받기를 통해서 이뤄진다. 인공지능이 이것을 해 줄 수는 없다. 심리적으로 안정감을 느낄 수 있는 사람과 편한 마음으로 주고받는 영어는 아이들 표현 언어의 초석을 놓아준다. 이 초석이 놓인 이후에 인공지능 탑재된 챗봇과 휴머노이드 로봇이 언어 학습 효과를 극대화시켜 줄 수 있을 것이다.

휴먼 선생님과 인공 지능 선생님 – 디지털과 피지컬을 아이의 상황에 맞게 적절하게 조화시키는 블렌디드 언어 학습이 우리가 앞으로 향하게 될 언어 학습 및 교육의 방향이 될 것이다.

AI 튜터 로봇은 필요할까요?

2024년부터 서울시 교육청은 '영어 튜터 로봇'을 시범적으로 도입하며, 말하기 교육 과정에서 음성형 챗봇 등을 적극적으로 활용하고 자체 개발한 인공지능 기반 영어 교육 자료도 보급할 것이라고 밝혔다. 우선 학생 영어 말하기 교육 강화를 위해 민간 기업과 개발 중인 '영어 튜터 로봇'을 5개 초·중학교에 각각 1대씩 보급하기로 했다고 한다.

이 로봇은 식당에서 볼 수 있는 서빙 로봇처럼 생겼으며 학생과 1대 1로 영어 대화를 나누는 AI 기능을 탑재했다고 한다. 앞으로 챗봇이나 튜터 로봇은 언어 교육에 더 많이 사용될 것이다. 로봇이나 챗봇을 사용하면 아이들이 말을 쉽게 배울 수 있다. 문법에 맞는 영어를 해야만 한다는 강박 관념에서도 조금 자유로워질 수 있을 것이다.

표현 영어가 숲을 이루게 하려면 좋은 씨앗과 뿌리뿐만 아니라, 영어를 할 수 있는 기회가 많이 주어지는 토양이 필요하다. 집이나 학교에서 영어를 4지 혹은 5지 선다형 시험과 연결하기보다, 쓰고 말하는 연습과 훈련이 자연스럽게 몸에 배도록 해 주는 것이 가장 중요하다. 말하는 것은 짧고, 쉽게 부모님과 함께 연습하는 것도 좋다. 짧고 쉽고 간단한 표현을 자주 쓰는 연습이 중요하다. 영어라는 숲을 이해하게 해 주기 위해서는 문법을 가르치기보다 숲 자체를 경험해 아이들이 스스로 문법을 찾아내고 내재화할 수 있게 하는 것이 효과적이다.

예를 들면, 아이가 정말 좋아하는 책을 찾았다면, 그 책이 요구하는 단어와 문법이 아이의 수준보다 약간 높은 것도 나쁘지 않다. 아이는 그 책을 읽고 즐기면서 필요한 표현과 문법을 익혀 나갈 테니 말이다. 다시 말하지만, 문맥 속에서 익히지 않은 단어와 표현 문법들은 아이의 머릿속에 내재화되기 매우 어렵다.

이 책에서 여러 번 이야기했듯이 영어가 숲처럼 울창해지기 위해서 - 가장 중요한 것은 편안한 마음, 호기심, 즐거움이다. 부모님들이 조급해하거나, 아이들을 재촉하지 않았으면 좋겠다. 조급한 마음, 재촉하는 마음은 영어에 대해 아이들이 마음을 열기 어렵게만 한다.

최근에 인공지능 챗봇이 많이 활용되면서 영어에 대한 호감이 아이들의 마음에 자리잡고 있는데, 영어가 편한 언어라는 인식이 뿌리내리면 아이들 스스로 영어의 숲을 이룰 수 있다. 챗봇이나 로봇은 정서의 언어를 배우고 표현하기 어려운 반면, 정보 중심의 언어를 배우고 표현하는 데는 아주 좋은 언어 파트너이다. 영어의 정서적인 부분은 부모님이 꾸준히 언어 파트너가 되어 주면 좋다.

미래의 영어 교육은 인공지능 로봇 선생님과 휴먼 선생님, 부모님의 도움으로 이뤄질 것이다. 아이들 각각에 맞게 조합을 이루되 세 가지가 균형을 이룰 때 아이들의 영어가 행복하게 성장하여 숲을 이룰 것이다.

영어 울렁증을 막으려면?

우리나라 아이들은 대개 영어 공부를 왜 해야 하는지 잘 모른다. 시험을 잘 보기 위해서, 좋은 대학에 가기 위해서 공부하는 아이들도 많을 것이다. 상황이 이렇다 보니, 아이들에게 영어는 처음 접할 때부터 부담으로 다가온다. 아이들은 영어로 놀고, 말하고, 즐거워할 시간도 없이 아주 어린 나이부터 시험으로 영어를 만난다. 영어를 좋아할 시간을 전혀 갖지 못한다. 이런 아이들은 영어와 결코 친해질 수 없다. 영어 하면 시험이 떠오르니 영어 근처에 가면 경기를 일으킬지도 모른다.

외국어 불안증Foreign Language Anxiety, 혹은 우리가 흔히 말하는 영어 울렁증은 외국어를 배우거나 사용할 때 개인이 느끼는 긴장감, 불안감, 공포감을 말한다. 이러한 불안의 정도와 증상은 문화적, 개인적, 교육적, 환경적 영향 등 여러 요인에 따라 달라질 수 있다.

언어학자 호로비츠Horwitz와 루와 류Lu&Liu의 과거 연구에 따르면 외국어 수업에서 불안감을 크게 느끼는 학생은 학습에 어려움을 겪는 경우가 많다. 반면에 일리Ely는 어느 정도 불안은 학습에 도움이 된다고 말하기도 했다. 새로운 언어를 접하면서 어느 정도 불안감을 경험하는 것은 당연할 수 있다. 문제는 한국 아이들은 이 불안감이 지나치게 높다는 점이다. 아이들의 부모 세대들도 아마 비슷할 것이다.

영어 울렁증을 일으키는 요소는 여러가지가 있는데 문화도 중요한 역할을 한다. 중국, 일본, 한국과 같은 동아시아 국가에서는 교육적 성취에 대한 사회적 기대치가 높은 경우가 많다. 경쟁적인 교육 시스템과 시험의 중요성 때문에 영어 과목에 대한 아이들의 불안 수준이 높다. 교육 방식 또한 영어 울렁증에 영향을 미치는데, 교사 중심적이거나 암기에 의존하는 교육 방식은 학생들에게 말하기를 연습할 수 있는 기회를 충분히 제공하지 못하기 때문에 실제 상황에서 외국어로 의사소통해야 할 때 불안감을 증가시킬 수 있다.

반면에 스웨덴, 덴마크, 노르웨이와 같은 북유럽 국가에서는 영어를 시험으로 만나기보다는 일상 생활에서 자연스러운 노출로 만나는 경우가 많아서 학생들이 영어에 대한 불안감이 별로 없다. 상호작용과 실제 사용을 강조하는 의사소통 중심 교육 방식을 택하기 때문에 아이들이 실제로 언어를 사용하는 데 더 익숙해질 수 있고 영어에 대한 불안감을 줄일 수 있다.

영어를 처음 접하게 되는 경로에도 차이가 존재한다. 북유럽 국가의 경우 많은 아이들이 영어 TV 프로그램을 시청하고, 영어 음악을 듣고, 인터넷에서 영어를 사용하며 자란다. 이렇게 미디어를 통해 영어에 자연스럽게 노출되면 두려움이 덜할 수 있다. 한국에서도 미디어를 통해 영어에 대한 노출이 증가하고 있지만 북유럽에 비하면 여전히 제한적일 수 있다. 그렇지만 단순히 영어 노출 시간을 늘리는 것이 중요한 것은 아니고, 상호작용이 있는 노출이 중요하다.

오류나 실수에 대한 문화적 차이도 존재한다. 한국이나 일본에서는 문법이나 단어 실수에 대해서 덜 관대한 것 같다. 우리 모두 실수를 통해서 언어를 배워야 하는데, 맞는 영어－틀린 영어를 너무 강조하다 보니, 아이들 마음에 영어 울렁증이 더 커질 수 밖에 없다. 물론 북유럽 사람들도 실수를 좋아하는 사람은 없겠지만, 실수를 학습 과정의 일부로 간주하여 실수에 보다 관대한 태도를 보이는 편이다. 우리도 아이들에게 빨간 펜을 들고 고쳐 주는 것을 덜하는 것이 중요하다.

어차피 영어 문법은 매우 많이 변하고 있다. 최근에 옥스퍼드 학생들에게 한국 수능 문제를 풀어 보게 했는데 학생들이 문법 문제를 틀리는 것을 보았다. 학생들은 문제를 틀린 후에도 이에 동의하지 않았다. 시험 문제를 애매모호하게 만들어 놓은 것에 불평하기도 하며 누군가를 떨어뜨리기 위한 시험밖엔 의미가 없는 것이라고 말했다.

그렇다고 해서 동아시아의 모든 아이들에게 영어 울렁증이 있고 북유럽의 아이들에게 불안이 없는 것은 아니다. 아이들마다 성격, 경험, 언어 학습에 대한 생각 등이 다르고 개인차가 존재한다. 어떤 아이들은 회복력이 더 강하거나 자기효능감이 높아 불안 수준이 낮을 수 있다. 전반적인 사회적, 교육적, 문화적 맥락이 중요한 역할을 하지만 개별적 요인이 이런 효과를 증폭할 수 있다. 따라서 아이들 개개인의 특성을 파악하는 것도 매우 중요하다.

루틴 만들기

아이들은 하루에 적절한 루틴이 있을 때 안정감을 느끼고 학습할 수 있다. 일정한 학습 루틴을 꾸준히 하다 보면 습관으로 편하게 할 수 있는 내적 힘을 기를 수 있다.

엄마 아빠가 집에서 아이의 영어 교육을 위해 노력을 하더라도 아이가 바로 영어를 말하지 않을 수도 있다. 그렇다고 해서 너무 걱정하지 말자. 아이가 영어를 흡수하는 데는 어느 정도 시간이 필요하다. 엄마 아빠가 인내심을 가지고 아이를 기다려 주는 것이 중요하다. 꾸준하고 규칙적인 영어 노출을 위해 집에서 아이의 영어 시간을 위해 루틴을 정하는 것도 좋다.

루틴은 길게 하는 것보다는 짧고 자주 하는 것이 좋다. 아주 어린 아이들에게는 15분도 충분하다. 아이가 크면서 집중할 수 있는 시간이 길어지면 시간을 점차 늘릴 수 있지만 아이의 집중력을 위해서는 활동을 짧고 다양하게 구성하는 것이 좋다.

매일 같은 시간에 특정 활동을 하도록 해 보자. 아이들은 자신이 무엇을 할지 알고 있을 때 더 편안함을 느끼고 자신감을 갖게 된다. 예를 들어, 방과 후 시간에는 매일 영어 게임을 하거나 잠자리에 들기 전에 아이와 함께 영어 동화를 읽는 것이다. 반복은 필수이다. 아이들은 영어 단어와 표현을 여러 번 들어야 스스로 말할 수 있는 준비가 되었다고 느낀다.

쇼핑을 하기 전과 후의 루틴도 만들 수 있다. 슈퍼마켓에 가기 전에 아이에게 사야 하는 물건 목록을 알려 주면서 음식이나 생활용품의 어휘를 가르쳐 준다. 아이의 나이에 따라 그림을 활용할 수도 있고 단어의 난이도를 고려할 수 있다. 장을 보고 집에 돌아오면 짐을 풀 때 무엇을 샀는지 이야기하면서 배운 어휘를 복습하는 시간을 가지는 것이다. 이것이 반복되면 장을 보는 일상적인 시간이 아이에게는 새로운 단어를 배우는 시간으로 자연스럽게 자리잡을 수 있다.

아이들이 '영어 시간'이라는 것에 익숙해지는 것도 중요하기 때문에 게임을 시작할 때, 영어 책을 읽어줄 때 매번 아이에게 같은 문구를 사용하는 것도 좋다. 어떤 방식으로 접근하든 가장 중요한 것은 아이가 긴장을 풀고 재미있게 영어를 배우는 것, 부모와 아이 모두에게 즐거운 경험이 되도록 하는 것이다.

영어 루틴에 관한 10가지 이야기

언어 습득에서 가장 중요한 것 중 하나는 루틴을 형성하는 것이다. 이 과정을 통해 언어가 삶의 일부로 정착한다. 영어가 아이들의 언어 루틴으로 자리잡으면, 영어가 특별한 노력 없이도 자연스럽게 나오고 아이들이 영어를 생활 언어 중 하나로 인식하게 된다. 세부적으로 살펴보자면 소리, 단어, 의미, 통사 구조의 루틴을 만들 수 있다. 사실 우리가 하는 많은 일상 생활 속 일들은 우리가 잠재적으로 가지고 있는 루틴에 기초한다.

마음이 조마조마한 상태에서는 하고 싶은 말을 다 할 수가 없다. 아이들의 언어 습득에 최대 강점 중 하나는 어른들과 비교해서 상대적으로 마음 편하게 사회적인 말하기를 한다는 점이다.

작은아이가 다섯 살일 때의 일이다. 오랜만에 고모댁에 도착한 아이는 고모가 문을 열고 반기자마자 큰 목소리로 오는 차 안에서 엄마 아빠가 다툰 이야기를 한 적이 있었다. 한 마디로 말하면, 아이들은 아직 눈치가 별로 없다. 다른 사람들이 자신을 어떻게 생각할지에 대해 큰 걱정이 없는 편이다. 이것은 이 시기에 언어를 습득하는 아이들에게 정말로 큰 무기이다. 어른들은 이것을 잘하지 못한다. 다른 사람이 나의 영어를 어떻게 생각할지 온갖 신경을 쓰고 마음이 늘 조마조마하다. 이런 마음으로는 언어를 자유롭게 편하게 구사할 수 없다. 머릿속으로 알고 있는 것이 입으로 나올 수 있는 기회가 박탈된다.

말하고 싶은 지식과 콘텐츠가 자연스럽게 말로 이어지기 위해서는 편한 마음뿐만 아니라 입에 배어 있는 언어 루틴이 아주 중요하다. 언어 루틴이 중요한 이유 중 하나는 대화의 스피드 때문이다. 성공적으로 말하기 위해 매우 중요한 것 중 하나가 말을 서로 탁구공처럼 받아치면서 대화할 수 있는 능력이다. 아무리 말을 잘 할 수 있어도 속도를 맞추지 못하고 자기 차례를 놓치면 닭 쫓던 개처럼 허탕이 되고 만다. 루틴의 목록이 잘 갖춰져 있으면 이 속도 감각을 맞춰 말을 할 수 있다.

루틴 속에 있는 말들은 생각하고 하는 말들이 아니다. 이미 많이 쓰여서 굳어진 말들이다. 내용 자체는 항상 바꿀 수 있지만, 내용을 담는 틀을 루틴으로 갖고 있는 것은 마치 빵을 구울 때 모양 틀을 미리 갖고 있는 것과 같다. 루틴이 있으면 언어 생산성을 높일 수 있는 것이다. 인간 언어는 무한 가능성이 있다. 현대 언어학의 아버지라고 할 수 있는 노암 촘스키 Noam Chomsky 교수는 인간의 무한한 언어 창조성을 인간 언어의 핵심이라고 보았다. 이 능력은 아무리 똑똑한 침팬지에게도 없다. 인간만이 갖고 있는 특징이다.

그렇다고 해서 모든 인간 언어가 늘 새롭고 창조적인 것은 아니다. 아주 똑같지는 않을지라도, 우리는 주로 비슷한 말, 비슷한 구조를 반복해서 사용하며 말하기를 한다. 비슷한 주제를 말하기도 한다. 예를 들어 영국 사람들은 처음 만나면 아이스 브레이크의 일환으로 날씨 이야기를 한다. 이런 관점에서 한국 사람들에게는 나이와 성별에 무관하게 말할 수 있는 주제가 좀 부족하다는 생각도 든다.

루틴이 될 수 있는 플랫폼은 많으면 많을수록 좋다. 세계 언어들의 통사 구조를 자세히 들여다보면, 다양한 구조 중에서 루틴으로 사용되며 오랫동안 언어 속에 화석화되는 구조들은 대개 기억하기 쉽고 말하기 쉬운 구조들이다. 과거에는 시가 구전되기도 하고 노래로 남기도 했는데, 예술적인 면을 넘어서 기억하기 쉽고 말하기 쉬운 구조를 갖고 있다는 특징을 찾아볼 수 있다.

루틴을 많이 갖고 있는 것은 옷장 속에 옷을 여러 벌 갖고 있어서 필요할 때마다 상황에 맞는 옷을 찾아 입는 것과 같은 효과가 있다. 그런데, 단순히 기억하기 쉽고 말하기 쉬운 언어 구조가 모두 다 우리 언어의 루틴이 되는 것은 아니다. 특히, 언어를 외국어로 배우는 경우에 루틴은 그다지 자연스럽게 우리 머릿속에 남지 않는다. 그렇다면 어떤 언어 습관, 언어 구조가 과연 우리의 언어 루틴으로 남게 되는 것일까? 아래와 같이 10가지 특징을 꼽을 수 있다.

1. 지속 가능해야 한다
2. 쉽고 편해야 한다
3. 재미있어야 한다
4. 익숙해야 한다
5. 반복할 수 있어야 한다 그렇지만 의미 없는 반복은 무의미
6. 마음이 편하고 행복해야 말하는 루틴이 된다.
7. 루틴은 언어 자신감을 준다
8. 효과적인 상호작용을 할 수 있다
9. 긍정적인 감정, 오감 등과 연결돼야 한다
10. 루틴은 끝이 아니라 시작이다

첫째, 지속 가능해야 한다

모든 습관이 그렇듯이 습관은 지속 가능해야 한다. 그리고, 지속 가능한 습관은 달성이 가능한 습관이어야 한다.

언어학적으로 머릿속 기억에 남는 표현들은 특징이 있다. 단순히 의미과 기능 때문에 남는 것이 아니라, 음성적으로 최적합화된 형태가 남는다. 예를 들어 한국어에서는 한 숨소리에 7음절 정도를 담아내는 표현들, 혹은 3음절과 4음절이 모인, 두 마디 구조의 소리 표현들이 기억에 최적화되어 있다. 언어학적으로 보아 짧고. 기억하기 쉬운 구조들이 기억도 오래 가고, 가져다가 꺼내 쓰기도 쉽다. 이런 표현들이 주변에 손쉽게 있어야 한다. 이런 표현들의 목록이 손쉽게 아이들에게 존재하면 그 다음에는 거기에 더 살을 붙여 나갈 수가 있는 것이다.

루틴이 될 수 있는 생활 표현들이 한국어와 자연스럽게 섞여 있게 하는 것을 나는 추천하고 싶다. 모든 것을 모든 순간에 영어로만 하는 것은 어려울 뿐만 아니라, 아이들의 표현 어휘 발달에 지장을 줄 수 있다. 아이들은 마음껏 표현해야 하는데, 영어의 굴레를 주면, 아이들이 말을 안하게 될 수도 있기 때문이다. 이런 아이들을 실제로 많이 보았고, 연구한 적도 있다. 모든 가족들이 밥 먹을 때, 게임할 때, 이야기할 때 쓰는 영어 목록들을 구상해 보고, 항상 꺼내 써서 아이들에게 영어 루틴이 생소하지 않게 하는 방법을 구체적으로 권하고 싶다. 하루 한 표현도 좋다. 날마다 할 수 있고, 그것을 할 때 부담되지 않는 것이 루틴 만들기의 첫 번째 원칙이다.

둘째, 쉽고 편해야 한다

루틴은 중요하지만, 루틴을 너무 강요하면 역효과가 날 수 있다. 영어 공부를 하는지 모르고 영어 공부를 할 때, 즉 암묵적인 루틴이 있을 때 효과가 가장 좋다.

나는 우리 아이들이 어릴 때 프랑스어를 가르쳐 주고 싶었는데 프랑스어 수업을 듣는 대신에 당시 런던대 미대에 다니던 학생에게 베이킹을 배우게 했다. 선생님에게는 따로 프랑스어를 가르칠 것 없이 아이들과 베이킹을 하면서 적절히 프랑스어를 섞어 쓰고 아이들이 물어보면 대답을 해주라고 말했다. 그때 큰아이가 초등학교 2학년 때였는데, 아이들은 프랑스어를 공부한다는 생각이 전혀 없었고 베이킹을 배운다고만 생각했다. 아이들은 그 과정에서 가장 필요한 프랑스어를 배웠다.

이 원칙은 이중언어 습득에서 가장 효과적이라고 알려진 방법 중 하나인 과제 중심 언어 학습Task-based languge learning 이다. 공부를 앞에 안 두고 뒤에 두면서 아이들이 즐겁게 활동하다 보면, 언어는 덤으로 배우게 된다는 원칙이다. 엄마표 아빠표 영어의 최대 강점은 아이들과 부모가 편하게 느낄 수 있는 언어 환경이라는 점이다. 말은 편할 때 나온다. 학교나 유치원에서 아이들은 자기도 모르게 긴장하게 된다. 그런데, 부모와 말할 때 아이들은 부담 없이 아무렇게도 말할 수 있다.

언어에는 다름은 있지만, 맞고 틀림은 없다. 예전에 문자 활동이 특정 계층에게 국한되어 있을 때는 이들의 말과 글이 표준이 되었고, 문법이 만들어졌다. 요즘에는 모두가 문자 활동의 주체자들이다. 아무도 소셜 미디어에서 글 쓰기 활동에 대해 문법의 잣대를 두고 판단하지 않는다. 언어 창작의 가능성은 무한하다. 영어 루틴을 하나씩 아이들과 만들어 갈 때, 틀림의 잣대를 대지 말고, 다름을 인정하며 칭찬해 주자. 아이들이 자신감을 갖고 루틴을 하나씩 만들어 갈 수 있게 도와주는 것이 필요하다.

셋째, 재미있어야 한다

재미있어야 끝까지 갈 수 있다. 아이들 스스로가 흥미를 느껴야 열정이 발동되고, 열심히 하게 한다. 영국에서 한국 드라마를 너무 좋아해서 드라마를 보다가 자연스럽게 한국어를 배운 학생을 만난 적 있다. 학교나 학원에서 정식으로 한국어를 배운 것이 아니고, 정말 드라마만 죽어라고 보다 보니 덤으로 언어를 배운 예다. 몇해 전 한국어 말하기 대회에서 일등을 하기도 했다. 좋아하는 것에 열정을 갖다가 언어도 얻게 된 것이다.

그 학생의 경우, 드라마를 보면서 각 상황에 맞게 말할 수 있는 루틴의 창고가 자연스럽게 만들어졌다. 드라마나 영상물을 통한 학습을 하면 루틴이 상황과 별개로 존재하지 않고, 상황 속에 녹아서 존재하기 때문에 루틴이 머릿속에 내재화 되는 데 큰 도움이 된다.

가장 최근의 이중언어 학습 이론들에 따르면 좋아하는 영상, 즉 영화나 드라마 등을 통해 언어 공부를 하는 사람들은 누구보다도 지속 가능한 그룹이고, 성공 확률이 높은 그룹으로 밝혀지고 있다. 언어 공부에 성공한 사람들을 인터뷰해 보면 열이면 열, 다들 좋아하는 미디어가 하나씩 있다. 그 사람들은 누가 하라고 해서 공부하는 것이 아니다. 스스로 좋아하는 미디어나 취미가 언어와 연결되어 있다.

루틴이 하나의 규칙으로서만 존재하는 것은 한계가 있다. 영어 문장을 통째로 많이 외워 두면 도움은 되지만, 각 문장이 어느 곳에 어떤 식으로 쓰이는지 연결하는 데 한계가 있다. 그렇지만, 영상물을 통해 습득한 언어 루틴은 각 상황과 함께 존재하기 때문에 실제 삶에서 적재적소에 꺼내 쓰는 데 훨씬 더 용이하다. 루틴이 단순히 기억의 산물로 남는 것이 아니라, 몸에 배게 되는 것이다. 이런 면에서 영상물을 통한 언어 습득과 루틴은 아주 유용하다.

넷째, 익숙해야 루틴이 된다.

영어 단어와 표현이 생활 언어로서 아이들의 언어 루틴 속에 자리잡게 하기 위해서 가장 중요한 것은 단어와 표현이 삶 속에 가까이 있어야 한다는 점이다.

일상 생활에서 늘 쉽게 접하는 것들이 언어 루틴으로 남는다. 나는 큰아이와 작은아이가 어릴 때 새로운 말을 배울 때마다 그 단어를 기록해 두었다. 어느 언어에서든지 어떤 아이에게서든지, 처음 등장하는 단어들은 공통적으로 엄마, 아빠, 몇 가지 음식 이름이나 사람 이름들 같이 매우 일상적이며 항상 반복적으로 쓰이는 단어들이다. 물론, 아이들이 특별히 좋아하는 것과 관련된 단어들도 자주 등장한다. 예를 들면, 자동차를 좋아하는 아이는 자동차나 여러 가지 탈것 이름을 먼저 배우기도 한다.

언어 루틴의 기초가 되는 단어, 구조, 표현들은 아이들에게 매우 익숙한 표현들, 가능하면 아이들이 좋아하는 콘텐츠와 연결할 수 있는 것들이어야 한다. 주변에서 늘 쉽게 익힐 수 있는 표현들, 이런 표현이 루틴이 되어 기억에 남게 된다. 그리고 이렇게 남은 익숙한 표현 루틴은 아이들에게 불안감 대신 자신감을 준다. 다시 말하면, 일상의 표현에 영어의 옷을 입혀야 한다. 아이들이 세계를 이해하는 정도와 아이들이 사용하는 단어는 같이 성장한다. 언어는 세계의 거울이라고 비트겐슈타인Ludwig Wittgenstein이 말한 바 있다. 아이의 세계 속에 있지 않은 표현은 무용지물이다. 늘 쓰는 표현에 영어의 옷을 자연스럽게 입혀줄 때 그 표현들이 루틴으로 자리잡고 아이들과 부모의 입에 붙게 된다.

조지 오웰은 『Politics and English Language』라는 책에서 가장 좋은 영어는 쉬운 영어라고 했다. 언젠가 초등학교도 가기 전에 토플 단어를 이미 다 뗀 아이들에 대한 기사를 본 적이 있다. 이렇게 습득한 단어들은 결코 이 아이의 언어 루틴이 될 수 없다. 단어를 적절하게 쓸 수 있는 것이 중요한 언어 능력이지, 어려운 단어를 많이 아는 것은 중요하지 않다. 모든 단어는 문맥 속에서 살기 때문이다. 언어는 절대 진공 상태로 존재하지 않는다.

아이들이 제일 먼저 배우는 단어들을 보면 대개는 1~2 음절의 짧고 쉬운 단어들, 자신의 삶에서 늘 접하는 일상적인 단어들이다. 이 표현들에 영어의 옷을 조금씩 입혀 가면, 아이들이 자신들만의 쉬운 영어 루틴을 만들어 갈 수 있을 것이다.

다섯째, 반복의 힘 (consistency matters)

반복은 아이들의 언어 습득에 매우 중요한 역할을 한다. 아이들에게 새로운 책을 읽어 주는 것도 좋지만, 아이들이 좋아하는 책을 반복해서 읽어 주는 것도 아이들에게 영어 루틴을 선물하는 좋은 방법이다.

그렇지만, 배경과 상황에 대한 인지가 전혀 없이 강요된 반복은 루틴으로 남기 어렵다. 아이들이 특별히 좋아하는 콘텐츠가 있다면 해당 콘텐츠가 있는 영어 방송 하나를 택해서 아이와 함께 시청하고 같이 이야기해 보는 것도 좋은 방법이다.

반복에서 중요한 요소는 일관성consistency 이다. 언어 루틴을 만들 때 가장 중요한 요소이기도 하다. 일관성이 있어야 한다. 하다 안 했다 하는 것이 아니라 꾸준하게 하는 것이 중요하다. 그렇게 하기 위해서는 아이가 성취할 수 있고 지속할 수 있는 것이 무엇인지 정해야 한다. 그렇게 정한 한 가지를 일관성 있게 반복하는 것이 필요하다.

여섯째, 행복해야 루틴이 된다

행복해야 루틴이 된다. 배우는 사람의 마음이 무엇보다도 편한 상태여야 한다. 마이클 토마스 언어 습득 방법으로 유명한 마이클 토마스 씨는 프랑스어를 전혀 배운 적 없는 학생들에게 아주 성공적으로 프랑스어를 가르친 경우가 있다. 물 흐르듯이 편하고 즐거운 방법으로 언어에 노출시키면 우리 뇌에서 스스로 언어 루틴을 만들어 가는 것을 실제 교수법에 적용한 사례다.

이분은 아이들에게 책상 대신 소파를 놓게 했다. 마음을 편하게 해주기 위해서였다. 또한 언어 공부를 강요하거나 기억하려고 애쓰게 만들지 않았다. 사람마다 방법은 다 다르겠지만, 마음이 편해야 말이 나온다. 그리고 그 말들이 모여 루틴이 된다. 편안한 마음은 언어 습득의 중요한 열쇠이다.

요즘 이중언어 습득에서 즐거움enjoyment의 중요성에 대한 연구가 특히 각광 받고 있다. 어떻게 하면 언어 습득을 재미있게, 또 지속 가능하게 만들 수 있을지에 대한 연구가 어느 때보다도 활발하다. 어떻게 보면 상식적일 수 있지만, 언어 공부가 지속 가능하려면 학습 동기가 의무에 기초하기보다 흥미에 기초해야 한다. 이것이 지금까지 이중언어 심리학 연구의 핵심이라고 할 수 있다.

지난 몇십 년 간 이중언어 학습의 요지를 나는 'pressure, pleasure, treasure'의 원칙이라고 본다. 즉, 부담pressure은 최소로, 즐거움pleasure은 최대로 하면 언어가 우리 삶의 보배treasure로 자연스럽게 남게 된다는 것이다. 즐겁고 행복한 경험들이 모여 언어의 루틴으로 남게 된다. 언어 경험 자체가 스트레스나 강박이 되면 결코 루틴으로 살아남을 수 없다. 쉽게 말하자면, 행복하고 즐거워야 그 언어 루틴을 지속하고 싶어지고, 그것이 지속될수록 다양한 언어 루틴이 머릿속에 각인되고 힘을 얻게 된다.

일곱째, 루틴은 언어 자신감을 준다

루틴이 중요한 이유는 기본적인 루틴 형성이 자신감을 더해 주기 때문이다. 언어 습득과 학습에서 자신감의 중요성은 아무리 강조해도 지나치지 않는다. 특히 언어 공부의 첫 단추에서 자신감은 정말 중요하다.

내가 초등 5학년 때, 처음으로 영어 특별반 수업에 가본 적이 있다. 그날 영어로 1부터 20까지 숫자 세는 것을 처음 배웠다. 새로운 언어 자체가 매우 신기했는데, 선생님이 나에게 '너는 발음이 좀 이상하다'라고 말씀하셨다. 나는 이 한 마디 때문에 영어 자체에 가까이 가기가 싫었던 적이 있다. 이처럼 언어를 어떻게 접하는지에 따라 자신감은 커질 수도 있고 줄어들 수도 있다.

여덟째, 효과적인 상호작용을 할 수 있다

아무리 학교나 학원에서 영어 공부를 해도 실제 상황에서 회화는 어렵다는 말을 많이들 한다. 문법 위주, 읽기 위주의 학습에 비해 듣기와 말하기 상황을 어려워하는 것이다. 이는 회화 상황의 경우, 상대의 말을 듣고 이해한 후에 나의 말을 내뱉기까지 걸리는 시간이 매우 짧기 때문이다. 시간을 가지고 충분히 고민할 수 있는 텍스트에 비해 말하기와 듣기는 거의 실시간으로 이루어진다. 대화의 속도를 따라가지 못하면 효과적인 상호작용을 하기 어렵다. 그렇기 때문에 그때그때 꺼내 쓸 수 있는 말의 목록을 갖추어 놓는 것이 중요하다.

단어와 표현의 목록이 화려하거나 거창할 필요는 없다. 한국어로 대화 나눌 때를 생각해 봐도 빈도수가 높은 표현은 몇 가지로 제한되어 있다. 스스로에게 가장 필요한 표현, 쉬운 표현부터 차근차근 채워 나가는 것이 중요하다.

언제든 꺼내 쓸 수 있는 말이 준비되어 있을 때 언어 자신감도 커질 수 있다. 물론 개인차는 있다. 사회적 불안감이 낮은 사람은 모르는 사람과 낯선 언어로 대화하는 데 큰 부담을 느끼지 않는다. 반면 사회적 불안감이 높은 사람은 말문을 여는 것 자체를 힘들어 할 수 있다.

아홉째, 루틴을 몸에 붙여라 (embodied routine)

우리나라에서 유아가 있는 집에 가면 냉장고나 아이들 방에 단어 차트가 붙어 있는 것을 볼 수 있다. 세계 어디를 가도 이런 차트 학습 문화는 별로 없다. 이런 것들을 볼 때면 과연 얼마나 많은 아이들이 이 차트의 도움으로 영어를 배울까 싶다. 4~7세의 아이들, 초등학교 입학 전 아이들은 문자와 그림을 통해서 표현을 배우기보다, 실제로 만지고, 체험하고, 느끼면서 언어를 배우고 습득한다. 텍스트 기반, 문자 중심의 언어 학습은 나이가 들어서 할 수 있는 방법이기도 하다.

문자 중심의 루틴이 아닌 오럴입으로 하는 루틴이 필요하다. 글자에서 벗어나서 소리로 루틴을 학습하게 해야 한다. 이 시기 아이들이 체험으로 세계를 배워 나가는 것처럼 언어도 체험하는 것이 중요하다. 루틴을 몸에 붙이는 방법의 예시로 영어 단어나 표현을 몸으로 표현하기acting out, 소리내어 읽기reading aloud를 추천한다. 노래를 통해 배우는 방법도 있다.

언어는 편해야 한다. 아이들의 영어가 루틴으로 자리잡기 위해서는 아이가 영어를 말하는 긍정적인 경험을 해야 한다. 이것이 언어 루틴 형성의 처음과 끝이다. 영어를 사용할 때 마음이 편하고, 나아가서 재미있고 행복해야 한다. 영어가 편안한 마음으로 자리잡지 않고 스트레스의 주범이 되면, 아이들은 영어 울렁증 foreign language anxiety 때문에 영어는 둘째 치고 인지 발달이나 정서 발달에 어려움을 겪을 확률이 높아진다.

최근에 나는 메타버스에서의 언어 학습 효과를 연구했는데, 무척 재미있는 사실을 발견했다. 이 수업은 절반은 교실에서 절반은 메타버스에서 진행한 수업이었다. 그런데 한 학생이 교실 수업에서는 한 마디도 하지 않고 조용했는데, 메타버스에서는 수업에 아주 활발하게 참여하는 것이었다. 나중에 이 학생을 인터뷰했는데, 학생은 메타버스에서는 질문하고 수업에 참여할 때 다른 사람들을 덜 신경 쓰게 되기 때문에 마음이 편하다고 대답했다. 나는 대학 때 영어로 질문을 쓰는 노트를 갖고 있었다. 짧은 메모 노트였는데, 이것은 나 혼자만 보기 때문에 아무도 틀렸다고 말할 사람이 없었다. 내 마음대로 자유롭게 쓸 수 있었고 그렇게 쓰는 것이 나의 루틴이 되었다.

언어의 루틴이 모여 문법이 되는 것이기는 하지만, 우리가 아는 학교 문법은 아이들이 영어 루틴 만드는 데 독이 된다. 문법은 항상 맞고 틀린 것이 있다는 전제 하에 시작하기 때문이다. 때문에 언어가 가진 무한한 창조적 가능성을 펴기 힘들다. 아이들은 영국 아이들이든 한국 아이들이든 할 것 없이 문법에 약하다. 기술 문법의 대부분은 어른들이 만들어 놓은 코드 같은 것이고, 이 코드를 익히려면 언어 연습이 더 많이 필요하다. 이런 규칙은 나중에 학습이 가능하며 더 많은 텍스트를 읽으면 읽을수록 스스로 깨닫게 되는 부분도 많다. 따라서 나는 언어 루틴을 만들 때는 문법을 멀리할 것을 권한다.

열째, 루틴은 끝이 아니라 시작이다

루틴이 중요하기는 하지만 루틴 형성이 언어 습득의 전부는 아니다. 루틴이 만들어지면 이제부터는 자신만의 콘텐츠를 담아내는 것이 중요하다. 루틴은 시작인 것이다. 루틴으로 언어 자신감이 생기면 그 다음에는 그 자신감에 날개를 다는 일이 필요하다. 각자가 주어진 재능과 콘텐츠를 찾아 루틴에 옷을 입혀 나가야 한다. 영어가 아이들이 쉽게 쓸 수 있는 언어 루틴이 된 다음에, 아이들은 자기가 하고 싶은 말들을 꺼내 영어에 옷을 입히게 된다. 루틴을 준비하는 것에만 노력하고 정작 루틴에 옷을 입힐 콘텐츠가 없으면 큰 문제이다.

루틴을 만들라고 하는 것이 어떤 정해진 규칙이나 형태를 다람쥐 쳇바퀴 돌듯이 똑같이 반복만 하라는 것이 아니다. 규칙과 형태가 어느 정도 자리 잡혀서 자연스럽게 말이 나오는 수준이 되면 변화를 주는 것이 필요하다. 예를 들어, 가족들이 아침 식사에 대해 영어로 대화하는 루틴을 갖고 있다면 날마다 똑같은 음식을 먹는 것이 아니기에 자연스럽게 대화의 내용은 바뀔 것이다.

이중언어 습득에서 '한 부모 한 언어'의 원칙이 있다. 우리집처럼 영어와 한국어를 같이 쓰는 집에서 아이들의 한국어를 유지하기 위해 나는 주로 아이들과 한국어로 대화를 한다. 그렇지만, 한국어만 갖고 대화할 수는 없다. 영어도 필요하다. 언어 루틴은 각 가족과 상황에 맞게 다채로워야 한다. 나는 아이들에게 한국어를 주로 쓰되 상황에 맞게 영어도 쓴다. 21세기에 필요한 영어 능력은 영국에서, 혹은 미국에서 태어난 사람처럼 영어를 사용하는 것이 아니라, 상황에 가장 맞는 영어를 하는 능력이다. 한국어와 영어가 적절히 혼합되어 있을 때 아이들의 표현 어휘가 가장 풍성해진다.

나는 영국의 초등학생들과 한국 동요를 영어로 번역하는 워크샵을 몇 번 한 적이 있다. 노래 가사, 특히 다양한 의성어, 의태어나 감정 형용사 등을 번역했는데, 딱히 정해진 답이 없었기 때문에 정말 재미있었다. 기발한 생각들이 언어의 옷을 입고 나오는 것을 볼 수 있었다. 이런 워크샵을 한국에서도 한번 해 보고 싶다. 우리는 맞고 틀리는 데 익숙한 언어 학습을 하고 있는데, 사실 어떤 언어 시험도 그 사람의 언어 능력을 정확하게 평가하는 데는 한계가 있다. 이 세상에 완벽한 언어는 존재하지 않는다. 인간 언어의 가장 큰 매력은 모두의 언어가 다 다르다는 점이다.

핀란드, 노르웨이, 스웨덴에서 영어 공부하는 방법은?

핀란드, 노르웨이, 스웨덴 등 북유럽 국가 사람들은 영어를 '성공적으로' 또는 널리 구사하는 것으로 매우 유명한데, 이것이 가능한 이유에 대해 언어학자들이 관심을 가지고 연구한 적이 있다.

북유럽 영어 성공의 주된 이유는 시민 대부분이 스웨덴어, 덴마크어, 노르웨이어, 아이슬란드어 등 영어와 같은 언어군인 게르만어에 속하는 언어를 모국어로 사용하기 때문이다. 물론 핀란드어는 우랄어족에 해당하기 때문에 핀란드의 경우까지 완벽하게 설명하지는 못한다.

한 가지 다른 설명은 영어 교육이 일찍 시작된다는 것인데, 북유럽 국가에서는 영어 수업을 빠르면 초등학교 1학년, 늦어도 대부분은 3학년이 되면 시작한다고 한다. 그러나 한국과 비교하면 비슷한 시기이거나 오히려 한국의 사교육을 생각하면 더 늦은 시기에 시작되는 것을 알 수 있다.

또 다른 설명으로는, 미디어와 관련이 있다. 북유럽 국가에서는 영어권 영화나 텔레비전 프로그램을 현지 언어로 더빙하지 않고 거의 항상 자막으로 제공한다고 한다. 하지만 한국에서도 영어권 콘텐츠에 자막만 추가해 원어 그대로 방송하는 경우가 더 많으니 비슷한 상황임을 알 수 있다.

그렇다면 북유럽 국가들의 높은 영어 수준은 어떻게 설명할 수 있을까? 한 연구에서는 북유럽 국가의 젊은이들이 게임이나 유튜브, 소셜미디어를 통해 영어에 노출되는 점을 이야기했다. 이뿐만 아니라 많은 사람들이 생활 곳곳 개인적인 삶에서도 영어를 사용한다는 것을 알 수 있었다. 연인과의 대화 등 친밀한 공간에서 영어 사용에 대한 연구도 진행되었다. 이렇듯 영어가 일상에 스며들어 있기 때문에 과연 영어를 외국어로 여겨야 하는지 의문을 제기하는 정도라고 한다.

핀란드와 같은 북유럽 영어 교육에는 또 한 가지 특징이 있다. 문법 교육에 초점을 두던 과거와 달리 요즘에는 문법 교육이 거의 없다는 점이다. 대부분 말하기와 글쓰기 등의 연습이 교육의 주가 된다. 우리는 시험 위주의 영어 공부가 마치 가장 중요한 목표라고 생각하게 되었다. 그런데, 문법과 시험 위주의 영어 공부는 우리 아이들이 영어를 쓸 수 있게 도와주지 못한다. 영어로 의사소통할 수 있게 해 주는 것이 산 영어 교육이다. 그렇지만 인공지능을 통한 영어 교육에서 세계적으로 선두에 있는 한국이 영어 교육의 커리큘럼 디자인부터 평가까지, 개인의 취향과 능력을 존중한 방법을 조만간 우리 교육에 도입할 것이라고 생각한다.

과연 한국에서 영어를 일상적으로 사용하고 있는지 생각해 보면 이런 국가들과의 차이점이 드러난다. 한 연구에 따르면, 한국 사회에서 단일 언어 국가에 대한 이념이 계속해서 재생산되는 두 가지 과정이 나타났다.

첫 번째는 영어와 한국어를 뚜렷하게 경계 지어 순수한 한국어 사용을 중요하게 강조하는 것이다. 일상 언어 레퍼토리에 이미 영어가 상당히 포함되어 있음에도, 영어를 사용하는 것이 한국어를 오염할 수 있다는 걱정을 한다는 것이다.

다른 하나는 영어에 대한 자기비하적인 태도이다. 한국인의 영어를 '잘못된' 영어라고 생각하면서 "Im sorry, I can't speak

English well." 같은 말을 습관적으로 꺼내는 것이다. 이런 태도는 사람들이 영어를 입 밖으로 꺼내기 힘든 환경을 만들어 영어가 들어설 자리를 주지 않는다. 겸손함과 공손함에서 비롯된 자세라고 말하기도 하지만, 사실 영어가 아닌 다른 외국어를 말할 때는 그런 말을 잘 하지 않는다. 유독 영어를 말할 때만 '완벽한' 영어를 할 수 있는 사람에게만 말할 자격이 주어지는 것만 같은 느낌을 받게 된다. 한국의 예능 방송에서도 영어 발음이나 영어 실력에 대해서 유독 각박하게 대하는 것을 자주 볼 수 있다.

북유럽 국가의 아이들처럼 말문이 트이고 실제로 사용할 수 있는 영어를 하기 위해서는, 영어와 한국어 사이에 존재하는 벽을 조금씩 허물고 누구나 편안한 마음으로 영어를 할 수 있는 환경을 만들어야 한다. 엄마 아빠도 아이도 '나는 영어를 못하는 사람'이라고 생각하고 말하지 말고 영어를 일상의 언어로 마음 편히 받아들이는 것은 어떨까.

벨기에와 네덜란드에서 영어 공부하는 방법은?

네덜란드 사람들도 영어를 잘하는 것으로 매우 잘 알려져 있다. 세계 국가의 영어 능력을 조사하는 EF 지수EF English Proficiency Index, EF EPI에서 네덜란드는 2022년에 1위를 차지했고, 2014년부터 1위 혹은 2위를 유지하며 실제로 매우 높은 영어 실력을 보여 준다.

네덜란드에는 네덜란드와 영어를 같이 사용하는 학교들이 많다. 이런 학교들의 가장 특징적인 부분은 일반 과목을 네덜란드어뿐 아니라 영어로도 가르친다는 것이다. 영어를 언어 교육의 관점에서만 보는 것이 아니라 언어 교육과 일반 과목 교육을 통합해서 가르친다. 생물, 수학, 물리 등을 가르칠 때도 영어를 사용하는 것이다.

이런 식의 학습 방법은 두 마리 토끼를 잡는 효과가 있다. 매우 효과적이지만, 두 언어에 어느 정도 능숙할 때 효과가 있다. 그럼에도 여러 언어를 교과 과정에 적절히 섞어서 사용하는 방법은 아이들의 언어 능숙도가 좀 낮더라도 효과적이다. 언어-통합학습Content and Language Integrated Learning이 대표적인 예이다.

다양한 과목의 언어에서 영어를 조금씩 접할 때 아이들이 내용도 배우고 영어도 덩달아 배우는 효과가 생긴다. 우리 아이들에게는 아직 수업 자체를 영어로 하는 것을 권하지는 않는다. 하지만 흥미있는 콘텐츠 속에 영어가 자연스럽게 스며들도록 하는 교육은 지금도 가능하며 긍정적인 효과를 기대할 수 있다.

이런 접근 방식을 아이가 활용하는 방법으로는, 좋아하는 주제에 대한 영어 콘텐츠를 적극적으로 찾아보는 방법이 있다. 영어로 찾으면 아이가 접할 수 있는 양질의 정보가 많이 존재한다는 것을 알 수 있을 것이다. 스포츠를 좋아하는 아이라면 스포츠 전문 잡지나 선수에 대한 책, 다큐멘터리 영상, 뉴스 기사 등을 찾아볼 수 있고, 자동차를 좋아하는 아이들도 마찬가지로 영어로 찾을 수 있는 정보가 많이 있다. 중요한 것은 영어를 공부한다고 생각하지 않고 자연스럽게 이런 내용을 접하는 것이다.

네덜란드의 이중 언어 학교 커리큘럼에서 국제적인 경험을 강조하는 것도 특징이다. 교환 학생, 해외 탐방, 여행 등 다른 나라에 직접 가 보는 경험도 물론 도움이 되지만, 수업 내용 곳곳에서 간접적으로 다른 나라와 문화에 대한 이해도를 높이려고 의도하는 것이 인상적이다. 넓은 세상에 대한 호기심을 키워 주는 것이 결국에는 세계인의 언어인 영어를 배우는 데 동기 부여가 되기 때문이다.

우리나라 아이들에게도 영어 공부를 강요하는 것이 아니라 스스로 영어를 사용하고 싶도록 동기를 부여하는 것이 중요하다. 세계 곳곳의 나라, 문화에 대한 호기심을 자극해 주고 넓은 세계를 꿈꿀 수 있도록 도와주자. 영어를 배우는 것이 설레고 기분 좋은 일이 될 것이다.

싱가포르와 홍콩에서 영어 공부하는 방법은?

홍콩 정부는 국제 도시로서 홍콩의 경쟁력을 유지하고 본토와의 효과적인 커뮤니케이션 및 비즈니스 교류를 촉진하기 위해 학생들의 영어와 중국어 능력을 키우는 것을 목표로 하는 '이중언어 및 3개 언어' 언어 교육 정책을 시행하고 있다.

2015년 8월 홍콩대학교에서 발표한 연구 결과에 따르면, 15~19세 홍콩 인구 중 광둥어, 보통어, 영어를 구사할 수 있다고 답한 비율이 1991년 20% 미만이었던 것에 비해 2011년에는 50% 이상인 것으로 나타났다. 또한 12세 이상 홍콩 거주자 62%와

68%가 각각 영어와 광둥어를 구사할 수 있다고 답했다. 그럼에도 불구하고 홍콩대학교 연구에 따르면 12세 이상 홍콩 거주자의 약 27%와 24%만이 구두 영어와 쓰기 영어에서 각각 '꽤 잘', '잘' 또는 '매우 잘'이라는 평가를 받은 것으로 나타났다.

EF 영어 지수에서 2016년부터 꾸준히 아시아 국가 중 유일하게 10위권 내에 속하는 싱가포르 영어 교육에 대해서도 알아보자.

2020년 인구 조사에 따르면, 싱가포르 거주 인구는 중국인 74.5%, 말레이인 13.5%, 인도인 9%와 기타 소수 민족 3.2%로 구성되어 있다. 이러한 문화적, 언어적 다양성을 반영해 싱가포르에서는 중국어, 말레이어, 타밀어, 영어, 이렇게 네 가지 언어를 공식 언어로 사용하고 있다. 싱가포르는 1966년부터 이중 언어 교육 정책을 채택했는데, 학교에서는 영어를 제1언어로 가르치며 영어를 주요한 교육 매체로 사용하고 있다. 다른 세 언어들은 주요 소수 민족 모국어로 여겨지며 학교에서 제2외국어로 가르치고 있고, 학생들은 자신의 배경에 따라 하나의 모국어를 배워야 한다.

싱가포르의 영어 교육 및 학습 목표는 첫째, 모든 학생이 문법, 철자, 기본 발음 등 기초적인 기술을 습득해 일상 상황에서 영어를 사용할 수 있는 것, 둘째, 대다수 학생이 다양한 서비스 산업에 종사할 수 있는 수준의 영어 말하기와 쓰기 능력을 갖추도록 하는 것, 셋째, 학생의 20% 이상이 높은 수준의 영어 실력을 갖춰 다양한 직업에서 싱가포르가 우위를 점할 수 있도록 하는 것에 있다고 한다. 모국어의 교육 및 학습과 관련해서는 학생들이 가능한 한 높은 수준으로 모국어를 학습할 수 있도록 지원하고, 실제 환경에서 사용해 효과적으로 의사소통할 수 있도록 하는 것이 목표이다.

이중 언어 정책을 시행하면서 싱가포르 정부가 목표로 삼은 것은 영어는 실용적인 목적으로, 모국어는 정체성의 목적으로 가르치는 것이었다. 각 언어를 다른 용도로 배우도록 만든 것이다. 하지만 결국 영어가 가정의 언어, 정체성의 언어로 변모하고 있는 모습을 볼 수 있다. 여러 언어가 공존하는 것이 아니라 하나의 언어가 사회에서 점점 우세한 위치를 차지하고 있는 것이다. 싱가포르의 교육이 한국 교육과 비슷한 점도 많이 있다. 그래서, 우리가 조금 더 쉽게 접근할 수 있을 듯하다.

우리 아이들의 행복한 표현 영어 공부를 위하여

우리는 더 이상 영어가 선택이 아니고 필수인 시대를 살고 있다. 세계와 소통하고, 세계인으로 살아가려면 영어는 꼭 알아야 하는 언어이다. 우리 아이들은 영어를 행복하게 만나고 잘 쓸 수 있는 많은 조건을 갖추었다. 그런데, 이 아이들의 영어가 뿌리를 내리고 자라나는데 우리 교육에 큰 걸림돌이 있다. 시험과 점수 위주의 표현하지 않는 객관식 영어 교육 그리고 여기에서 생겨나는 영어 울렁증, 두려움증이다. 대한민국에서 아이가 있는 모든 가정에서 영어 교육의 고민이 있다.

아이들에게 좋은 언어 인풋을 많이 주는 것도 중요하다. 그렇지만, 예전과 달리 요즘은 동네 도서관에만 가도 좋은 책들, 좋은 자료들이 너무나 많다. 값비싼 교재와 커리큘럼에 의존하기보다 부모님들이 조금만 시간을 내어 도서관에서 빌린 영어 책 한 권을 아이와 읽어보는 것은 어떨까? 인공지능이 어느 때보다 가까이 온 지금, 자료만 많은 것이 아니라 옆에서 자신의 실력에 맞게 공부하고 도와줄 수 있는 챗봇이나 휴머노이드 로봇까지 부모와 아이들 주변에 정보와 자료의 홍수에 있다고 해도 과언이 아니다.

이런 세상에 살고 있지만, 우리의 영어 교육, 영어 공부는 이 시대에 발맞추지 못하고 있는 것 같다. 표현하는 영어가 아니라 아직까지고도 네 가지 중에 하나를 고르는 영어, 무작정 단어만 외우는 영어를 가르치고 있다. 그렇지만, 표현할 수 없는 영어는 죽은 영어와 다름이 없다.

한국 교육에서 이것은 불가능하다고 한숨짓는 부모님들에게도 앞으로는 희망이 있을 것 같다. 나는 이런 부모님께 조금만 기다리시고 용기를 가지시라고 말하고 싶다. 인공지능을 통한 맞춤형 교육과 평가가 조금씩 우리 교육의 변화를 가지고 올 것이라고 본다. 객관식 아닌 주관식, 표현 영어의 평가가 이루어질 날이 인공지능이 뉴노멀이 된 이 시점에서 그리 멀지 않았다.

한국에서 국제 바칼로레아IB 프로그램에 대한 관심이 높아지고 있다. IB는 1968년 설립된 스위스의 비영리교육재단 IBO International Baccalaureate Organization가 개발하고 운영하는 교육 프로그램이다. IB 프로그램의 특징은 '자기 주도적 탐구학습을 통한 성장'으로 요약할 수 있다. 수업과 함께 논·서술형 중심의 교육을 통해 학생들의 실력을 향상시키고 이를 토대로 평가한다. 인공지능 덕분에 한국의 영어 교육도 앞으로 IB 모델처럼 표현 영어 중심으로 변화될 가능성이 충분히 높다고 생각한다.

나는 IB 프로그램의 영어 에세이 평가는 아이들의 언어 능력을 파악하기에 아주 좋은 시험이라고 생각한다. IB 프로그램에서 장문 영어 에세이EE 작문을 위한 심사 구조를 잠시 소개하자면 핵심은 다음 다섯 가지이다. 첫째, 초점과 방법. 둘째, 지식의 이해. 셋째, 비판적 사고. 넷째, 프리젠테이션. 다섯째, 참여도이다.

특히, 비판적 사고에 기초하면서도 참여도 있는 영어 쓰기 말하기 등을 실현하기 위해서는 스스로 생각하는 영어 교육이 매우 중요하다. 무엇보다 영어를 단순히 읽고 문제를 푸는 것이 아니라, 영어를 써 본 적이 있으며, 영어로 사고하는 것이 익숙한 아이들이 이런 평가에서 좋은 결과를 얻을 수 있다. 한 마디로 영어를 직접 써 보고 생각해 본 아이들이 글을 쓸 수 있고 이런 미래형 시험에 적응할 수 있다. 문법 하나 틀리고 맞고가 중요한 게 아니라, 영어로 아이들이 큰 그림을 그릴 수 있게 해 주는 것이, 생각하고 쓰고 말할 수 있는 진짜 영어 교육이다.

앞에서 다른 나라의 영어 교육에 대해 잠깐 소개하고 있지만, 사실 각자 취한 환경이 다르기 때문에 그 어느 모델도 우리에게 딱 맞긴 어렵다. 그렇지만, 중요한 것은 쇼윈도 속에 영어 같이 알지만 한 마디도 말할 수 없는 죽은 영어 교육은 이제 그만 해야 한다. 생각할 수 있고, 소통할 수 있는 언어 교육으로 전환이 시급하다. 이 교육은 꼭 어디를 가서 비싼 교육을 받아야 하는 것이 아니다.

표현 영어는 머릿속에서 외우고, 연습하고, 평가하여 얻어지지 않는다. 표현 영어의 기초는 가까운 사람과 대화를 주고받으면서, 영어와 친구가 될 때 만들어진다. 초등학교에 들어가기 전 이렇게 기초만 잘 놓아도 영어 공부는 성공한 것이라고 생각한다. 아이에게 흥미로운 언어로 다가가기 위해 사용되는 영어는 짧고 쉽고 재미있고 편해야 한다. 이 쉽고 짧고 재미있고 편한 영어는 게임처럼 부모와 함께 이야기하고 써나갈 수 있다.

비싼 유치원에 가는 게 영어 공부의 결과를 좌지우지하지 않는다. 아이들이 영어가 좋고 재미있다고 느껴야만 자기 주도적인 영어가 가능하고 튼튼한 표현 영어-평생을 가는 영어의 토대가 만들어진다.

참고자료

- Hartshorne, J. K., Tenenbaum, J. B., & Pinker, S. (2018). A critical period for second language acquisition: Evidence from 2/3 million English speakers. Cognition, 177, 263-277.
- Norrby, Catrin, 'English in Scandinavia: Monster or mate? Sweden as a case study', in Hajek, John and Slaughter, Yvette (eds.), Challenging the Monolingual Mindset (Bristol: Multilingual Matters, 2015, pp. 17-32).
- Elizabeth Peterson, Making sense of 'bad English': An introduction to language attitudes and ideologies. (London: Routledge, 2020).
- Park, J. S. Y. (2008). Two processes of reproducing monolingualism in South Korea. Sociolinguistic Studies, 2(3), 331-346.
- https://www.rootsofaction.com/positive-words/
- https://www.canr.msu.edu/news/using-thinking-and-feeling-words-with-young-children
- https://youtu.be/qpoRO378qRY
- https://www.ncbi.nlm.nih.gov/pmc/articles/PMC2776484/
- https://www.apa.org/news/press/releases/2023/02/harms-benefits-social-media-kids
- https://www.brainandlife.org/articles/how-do-video-games-affect-the-developing-brains-of-children
- 행맨 기원 https://www.gutenberg.org/files/41727/41727-h/41727-h.htm#GameI_50
- 워들 사이트 https://www.nytimes.com/games/wordle/index.html
- 책 읽어주는 것 https://readingeggs.com/articles/2015-03-03-read-aloud-books/
- 100년간 100권 리스트 https://www.booktrust.org.uk/books-and-reading/our-recommendations/100-best-books/
- 2022년 100권 리스트 https://www.booktrust.org.uk/books-and-reading/our-recommendations/great-books-guide/

- 이중언어 두뇌발달 https://knowablemagazine.org/article/mind/2018/how-second-language-can-boost-brain
- 이중언어 테드 https://ed.ted.com/lessons/how-speaking-multiple-languages-benefits-the-brain-mia-nacamulli
- 인간 뇌 - 막스플랑크 https://www.mpg.de/brain#:~:text=The%20human%20brain%20is%20the,is%20its%20ability%20to%20learn.
- 단어 Rott, Susanne. (1999). The Effect of Exposure Frequency on Intermediate Language Learners' Incidental Vocabulary Acquisition and Retention through Reading. Studies in Second Language Acquisition. 21. 589 - 619. 10.1017/S0272263199004039.
- 유튜브 https://theconversation.com/kids-as-young-as-3-years-old-think-youtube-is-better-for-learning-than-other-types-of-video-150323
- 부모-아이 활동 https://www.cambridgeenglish.org/learning-english/parents-and-children/learning-activities-to-do-with-your-child/six-fun-activities/
- 영어 관련 활동 https://www.britishcouncil.org/voices-magazine/ten-ways-support-your-childs-english-learning-home
- 네덜란드 https://www.nuffic.nl/sites/default/files/2020-08/bilingual-education-in-dutch-schools-a-success-story.pdf
- 영어 순위 https://www.ef.com/ca/epi/
- 렉사일 지수 https://lexile.com/
- OxfordOwl https://home.oxfordowl.co.uk/reading/
- Wyse, D., & Bradbury, A. (2022). Reading wars or reading reconciliation? A critical examination of robust research evidence, curriculum policy and teachers' practices for teaching phonics and reading. Review of Education, 10, e3314. https://doi.org/10.1002/rev3.3314

옥스퍼드대 조지은 교수가 알려주는 표현 영어의 법칙
영어 유치원에 가지 않아도 영어를 잘 할 수 있습니다

초판 1쇄 인쇄 2023년 12월 4일
초판 1쇄 발행 2023년 12월 11일

지은이 조지은
그린이 박재원(본문 그림)
펴낸이 이여홍
디자인 표지 어나더페이퍼 본문 박재원

펴낸곳 브리드북스
출판등록 제 2023-000116호(2023년 10월 11일)
주소 서울시 마포구 토정로 222 306호
이메일 breathebooks23@naver.com

ISBN 979-11-985453-0(03590)

- 책값은 뒤표지에 있습니다.
- 파본은 구입하신 서점에서 교환해드립니다.
- 이 책은 저작권법에 의하여 보호를 받는 저작물이므로 무단 전재와 복제를 금합니다.